COURS CLASSIQUE

DE

DESSIN TOPOGRAPHIQUE

1853

AVIS.

L'Auteur et Éditeur de cet ouvrage se réserve le droit de le traduire ou de le faire traduire en toutes langues. Il poursuivra, en vertu des lois, décrets et traités internationaux, toutes contrefaçons, soit du texte, soit des gravures, ou toutes traductions faites au mépris de ses droits.

Le dépôt légal de cet ouvrage a été fait à Paris dans le cours du mois de juin 1853, et toutes les formalités prescrites par les traités sont remplies dans les divers États avec lesquels la France a conclu des conventions littéraires.

TABLE DES PLANCHES.

Nota. Toutes les planches des deux ouvrages se vendent séparément, en noir : 25 cent.; en couleur : 1 franc.

La carte n° 21, grand in-folio, en noir : 1 fr.; en couleur : 3 fr.

PARIS. — IMPRIMERIE DE H. VRAYET DE SURCY ET Ce, RUE DE SÈVRES. 37.

COURS CLASSIQUE
DE DESSIN TOPOGRAPHIQUE

A L'USAGE

DES ÉLÈVES

des Lycées, des Écoles préparatoires, et de toutes les maisons d'Éducation

OUVRAGE

au moyen duquel on peut apprendre

LE DESSIN TOPOGRAPHIQUE

Sans le secours d'un Maître.

Publié

d'après les meilleurs Documents dûs à MM. les Officiers d'État-Major
et à MM. les Dessinateurs du Dépôt Général de la Guerre.

PAR J. CORRÉARD, Anc. Ingénieur

Paris

Librairie Militaire, Maritime et Polytechnique

DE J. CORRÉARD,

Libraire-Editeur, et Libraire-Commissionnaire, Rue Christine, 1.

1833.

COURS CLASSIQUE DE DESSIN TOPOGRAPHIQUE.

Les travaux topographiques, qui étaient jusqu'à présent renfermés dans le cadre de l'instruction militaire, paraissent former aujourd'hui l'une des branches essentielles de l'instruction générale. Déjà plusieurs Ecoles secondaires importantes ont introduit dans l'ensemble de leur enseignement des Cours de cette nature.

On regrettait seulement que les ouvrages adoptés ou préconisés pour l'enseignement du dessin Topographique laissassent beaucoup à désirer : on n'avait, en effet, d'autres modèles un peu présentables, que les petites cartes gravées du dépôt de la Guerre, à l'époque où les deux systèmes de *figuré du terrain* par tranches et par hachures étaient en lutte ouverte. Ces cartes sont très-bien exécutées, sans doute, mais elles ne sont pas assez élémentaires pour être employées utilement comme types dans l'enseignement du dessin Topographique.

C'est dans le but de remplir cette lacune que le cours de dessin a été gravé. On a cherché à réunir tous les genres de terrains et de cultures, dans une suite de cartes dont les premières sont très-faciles à copier ou à réduire, et dont les dernières offrent les formes les plus compliquées.

PARIS. — IMPRIMERIE DE H. VRAYET DE SURCY ET Cie, RUE DE SÈVRES, 37.

NOTIONS GÉNÉRALES

POUR L'EXÉCUTION ET LA MISE AU NET DES DESSINS TOPOGRAPHIQUES.

La première esquisse d'un plan est faite au crayon, soit en construisant, soit en décalquant.

On construit sur le terrain, au fur et à mesure des opérations de planimétrie. Quand on copie ou qu'on réduit, on s'aide de carrés tracés sur le modèle et au moyen desquels on donne la direction et les dimensions convenables aux divers détails du plan ; dans le premier cas, les carrés sont égaux sur les deux feuilles ; dans le second, ceux de la feuille sur laquelle on dessine ont pour côté une fraction du côté des autres. Lorsqu'on décalque simplement un plan déjà fait, on doit se servir de papier à décalquer, mince et pas trop chargé ; celui du commerce est trop noir ; si l'on veut que le trait des maisons ou autres constructions soit d'un rouge vif, il faut tracer ces détails au moyen d'un papier préparé à la sanguine ou même au cinabre (*a*).

Lorsque toutes les parties d'une carte sont nettement arrêtées, on termine le travail.

Il peut arriver qu'un levé topographique reste au crayon, qu'il soit passé à l'encre sans être complétement achevé. Enfin qu'il soit terminé avec teintes conventionnelles et hachures à l'encre.

Lorsqu'on se borne à faire un croquis au crayon, il faut repasser un trait ferme et un peu fort sur les chemins, les limites de bois, les clôtures et les constructions, afin d'en arrêter les contours.

On exécute ensuite le figuré topographique en s'aidant de portions de courbes tracées très-légèrement.

On termine par les écritures, on met les initiales indiquant les diverses cultures et enfin les cotes de hauteur, lorsqu'il a été fait un nivellement.

(*a*) On peut faire soi-même le papier à décalquer en prenant du papier végétal ou du papier à lettres dit *pelure*. On frotte avec un tampon de coton chargé de cinabre, de sanguine ou de plombagine fine, selon qu'on veut décalquer en rouge ou en noir, de manière que la pointe du stylet produise un trait net sans que le contact simple salisse la feuille de dessin.

Cette manière de dessiner la topographie est très-difficile et demande une grande habitude. On n'en parle ici qu'en raison de la simplicité des moyens d'exécution.

Pour bien passer à l'encre une esquisse topographique dessinée ou décalquée, il faut s'être exercé à dessiner au moyen du tire-ligne, comme l'indique la première planche du cours, d'abord avec la règle et l'équerre, ensuite et principalement à main levée. Les traits obtenus ainsi sont pleins, nets, carrés, et donnent une très-bonne apparence au dessin.

Il est utile de commencer la mise au net par les maisons et les constructions qui se représentent en rouge, tels que les murs, les ponts, les viaducs, les écluses, et en général tout ce qui est en maçonnerie. Si les maisons ne sont pas tracées à la sanguine sur la minute, on les dessine en traits de contours fins ; on enlève le crayon lorsque la planimétrie est achevée, et on les poche en carmin un peu clair, avec une plume de corbeau. De cette manière on obtient un rouge vif qui produit un excellent effet.

Le plan d'une ville se dessine d'une manière particulière : les faubourgs seulement, où les constructions sont moins serrées, comportent tous les détails, mais l'intérieur des villes se fait par ilot de maisons, dont on dessine les contours à l'encre et qu'on lave ensuite avec une teinte légère de carmin.

Après le dessin à l'encre des maisons et autres constructions, on doit tracer les eaux en bleu de cobalt, très-belle couleur qui ne s'altère jamais. On emploie le tire-ligne pour les directions droites ou presque droites, mais il faut avoir recours à la plume de corbeau ou de fer pour dessiner les sinuosités des ruisseaux, des rivières et des limites des étangs, lacs ou autres surfaces aquatiques. Les marais sont représentés par des contours irréguliers et des traits en bleu très-fins.

Après les eaux on passe au trait les routes, chemins, sentiers, jardins et divisions de cultures. Lorsque celles-ci sont fixées par des haies on ne fait pas de trait plein, la haie suffit.

Ce dernier détail est dessiné après les autres. On représente les haies au moyen de points noirs pleins, inégaux et très-rapprochés. Les arbres se font ensuite en points noirs également pleins, mais égaux.

Lorsque toute la planimétrie est ainsi passée à l'encre, on fait les écritures en se conformant aux modèles et proportions indiqués au tableau n° 3. Celles-ci doivent être à l'encre noire forte.

Les natures de cultures sont indiquées par les initiales suivantes :

B. Bois.	F. Friches.
P. Prés.	Br. Bruyères.
V. Vignes.	Pât. Pâturages.
L. Landes.	M. Marais.

Si le dessin que l'on termine est la minute même du levé, il faut, après la mise au net des détails, prendre un calque des courbes élémentaires du figuré topographique, avec le nombre de points de repère suffisant pour les replacer avec exactitude. On efface ensuite ce qui reste sur la feuille, puis on y reporte les éléments du calque et on dessine le relief approximatif du terrain.

Si on a pu déterminer quelques cotes de hauteur, les courbes seront réglées en nombre et en direction d'après ces cotes ; elles doivent être tracées très-légèrement afin de ne pas former de traits sous les hachures au crayon.

Les levés terminés de cette manière sont suffisants pour donner l'idée du terrain ; ils exercent utilement à la pratique du dessin des cartes et n'exigent guère plus de temps que les croquis à la mine de plomb.

Pour terminer entièrement une carte on la passe à l'encre, comme nous venons de le dire, mais sans faire les arbres ni les écritures. On prend seulement sur un papier huilé les noms et les initiales de cultures.

On arrête aussi le figuré de terrain, par courbes, et on en fait également un calque.

On nettoie ensuite le dessin avec la gomme élastique et le dolage de peau blanche ; on applique les teintes en commençant par les bois, puis les prés, les vignes, les panachés, les jardins et vergers. Ou peut mettre dans les petits carrés des jardins à peu près toutes les teintes conventionnelles. Le calque des cultures sert pour cette opération.

Après l'application des teintes, on fait les écritures d'après le même calque. Le choix de l'emplacement des noms doit être fait avec intelligence ; la meilleure place pour le nom d'un lieu habité est au nord-est de ce lieu, c'est-à-dire à droite et un peu au-dessus, mais il faut éviter de couper, avec les mots, les routes, canaux et grands cours d'eau, de couvrir les villes, bourgs, villages, hameaux, fermes ou maisons, ce qui oblige presque toujours à déplacer le nom.

Les écritures terminées, on commence les hachures à l'encre, en reportant d'abord les courbes horizontales du calque sur la minute. S'il y a des cotes de hauteur, on règle le nombre de courbes nécessaires entre les points cotés pour exprimer les différences de niveau, mais en conservant exactement les contours arrêtés sur le terrain et relevés sur le calque.

De quelque manière que l'on dessine les hachures, au crayon ou à l'encre, elles doivent être normales aux deux courbes qui en déterminent la longueur. On arrive à une exécution prompte et facile en commençant près des lignes de partage et descendant jusqu'au fond des vallées ou vallons. Ou couvre ainsi chaque bassin successivement. Il est essentiel, pour éviter de former des lignes de raccord visibles, de ne pas arrêter tous les rangs de hachures à la même distance ; il faut au contraire que chaque rang soit arrêté à cinq ou six traits en avant ou en arrière de celui qui se trouve au-dessus. Plusieurs des planches qui suivent fournissent de très-bons exemples progressifs de terrains accidentés, divisés en bassins différents auxquels on appliquera utilement les notions qui précèdent.

COULEURS.

Afin de rendre moins volumineux les objets nécessaires aux élèves pour le dessin des plans, on a réduit le plus possible le nombre des couleurs. Celles adoptées généralement sont : *Le carmin ; le bleu indigo, le bleu de Prusse, la gomme-gutte, le minium, le bleu de Cobalt, et l'encre de la Chine.*

Il nous paraît utile de donner ici quelques renseignements sur la nature, les propriétés et l'emploi de ces couleurs.

Le Carmin, rouge pourpre ; cette belle couleur, produit de la cochenille, est malheureusement sans fixité ; elle résiste peu à l'action de la lumière ; elle pâlit, prend une teinte jaunâtre et finit par disparaître presque entièrement. Elle est d'un emploi facile, s'étend parfaitement en teinte plate très-transparente.

Mélangée avec les bleus, elle donne des violets très-purs ; avec la gomme-gutte, des tons orangés.

L'Indigo, bleu de roi ; couleur végétale, qui en peu de temps devient pâle et terne. Elle s'étend assez facilement, et entre dans la composition des verts sombres.

Le Bleu de Prusse, bleu foncé ; couleur minérale et animale, transparente, assez solide, qui, au lieu de s'affaiblir comme les précédentes, devient plus foncée, mais en se ternissant et tournant au verdâtre.

Le bleu de Prusse est difficile à employer en teinte plate ; mêlé à la gomme-gutte, il donne des verts frais et brillants.

La Gomme-gutte, jaune d'or ; gomme résine qui découle d'un arbre des Indes Orientales ; elle est transparente, se délaie et s'étend avec la plus grande facilité, mais est peu solide.

Employée foncée, elle a l'inconvénient de produire un luisant désagréable ; on peut y remédier et la débarrasser d'une partie surabondante de sa gomme, en la pilant et la lavant par décantation dans plusieurs eaux successives, ou en la réduisant en poudre et la laissant infuser dans de l'esprit de vin.

Mélangée avec les bleus, elle produit les verts le plus frais et les plus variés ; jointe au carmin, elle offre des teintes orangées.

Le Minium, orangé ; rouge de Saturne, produit minéral, d'un très-beau rouge orangé, brillant, mais qui perd assez promptement son éclat et noircit les couleurs avec lesquelles on le mélange. Il dépose dans l'eau et rend ainsi son emploi assez désavantageux pour les teintes plates. On ne doit l'employer que pour tracer les limites de communes ou les signes représentant les troupes en position ; pour le lavis, on obtient un ton analogue par un mélange de carmin et de gomme-gutte.

Le Cobalt, bleu céleste, couleur minérale, peu transparente, brillante et d'une grande solidité ; il est presque impossible d'employer le bleu de Cobalt pur en teintes plates, mais il offre un grand avantage pour arrêter le trait des rivières, étangs, marais, etc., parce qu'il n'est pas altéré par des teintes dont il peut être recouvert, et reste bleu malgré ces teintes.

Le Cobalt n'acquiert toute l'intensité de sa couleur que par son exposition au jour ; vu le soir, à la lumière, il paraît violet.

L'Encre de la Chine, noir, couleur très-fine, transparente, très-solide, précieuse pour le lavis par la facilité avec laquelle elle se délaie ; elle s'étend, se fond et se mélange très-bien avec toutes les autres couleurs.

L'emploi de l'encre de la Chine est si fréquent et si utile qu'il est indispensable de s'en procurer de bonne qualité. La meilleure doit être d'un noir luisant dans sa cassure, d'une pâte très-fine et très-compacte : quand elle est délayée, soit à un degré très-foncé, soit en teinte légère, elle ne doit former ni dépôt ni petits grains, ni coagulations. Lorsqu'elle est séchée dans un godet ou sur une palette de porcelaine, sa surface est lisse, brillante, et offre des reflets métalliques.

Lorsqu'elle a été employée à faire du trait, même très-foncée, sur du papier, elle ne se détrempe ni ne s'étend, si l'on passe dessus un pinceau imprégné d'eau.

Il ne faut jamais se servir d'encre qui a séché dans un godet, car elle perd alors sa fixité et ne peut plus supporter le lavis. On doit encore ne la pas délayer dans une trop grande quantité d'eau, mais pencher le godet et frotter le morceau d'encre au-dessus de l'eau, qui se teintera peu à peu.

Aux couleurs ci-dessus, quelques dessinateurs joignent la *sépia*, couleur animale, d'un brun variable, solide, qui est d'un emploi très-facile et peut rendre de bons services dans la composition des teintes. Le *vert-émeraude*, nouvelle couleur minérale, assez transparente, fixe, brillante ; ce vert très-pur peut remplacer avec avantage tous les verts obtenus par le mélange de bleu et de jaune (a).

(a) On a dû remarquer que la plus grande partie des couleurs employées pour le lavis des plans, manquent de solidité ; il en résulte qu'un dessin fait avec soin, et dont les teintes se trouvent d'abord pures et en parfaite harmonie, change assez promptement ; que les rouges se fanent, les bleus deviennent ternes ou poussent au noir, les verts perdent leur fraîcheur et leur éclat. M. Perrot, après de longues recherches et de nombreux essais, est parvenu à laver la topographie avec des teintes à peu près inaltérables, en substituant aux couleurs en usage, savoir :

Au carmin.	Le carmin de garance.
A l'indigo et au bleu de Prusse .	Le bleu de cobalt.
A la gomme-gutte.	Le jaune-mars.
A tous les verts de mélange. .	Le vert-émeraude.
Aux bruns de mélange . . .	Le précipité d'or de Cassius.

Ces dernières couleurs ont en général moins de brillant que celles qu'elles remplacent, sont d'un emploi plus difficile, mais offrent l'avantage de ne pas changer de tons.

EXERCICES pour le dessin Topographique

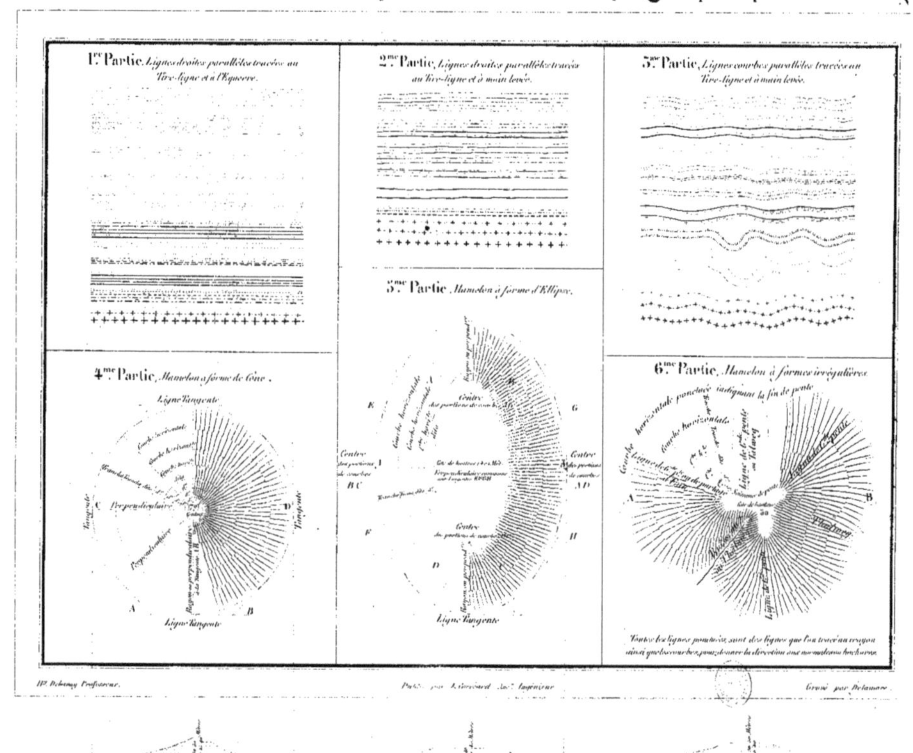

EXPLICATION

DES TABLEAUX ET MODÈLES DE CARTES.

N° 1. EXERCICES POUR LE DESSIN TOPOGRAPHIQUE

Cette planche offre des exemples très-convenables pour exercer la main à bien conduire le tire-ligne et la plume, à tracer des lignes parallèles, soit droites, soit irrégulières.

Les 4e 5e 6e parties sont propres à donner l'habitude de bien disposer les hachures ou lignes de plus grande pente qui doivent figurer le relief du terrain. Il est profitable de les copier souvent, soit plus grandes, soit plus petites, et de s'exercer à en composer d'analogues à la 6e partie, pour acquérir la pratique de la jonction des lignes de pentes dans les vallées et les Thalwegs, qui se présentent fréquemment, d'aspects très-variable, et offrent des difficultés que peu de dessinateurs savent vaincre avec succès.

TABLEAU des Signes et des Teintes conventionnels pour la TOPOGRAPHIE

Ces Mélanges s'obtiennent par l'emploi des Couleurs : Carmin, Bleu-indigo, Bleu de prusse, Gomme-gutte, Minium, Cobalt et Encre de Chine.

N° 2

Routes Royales — Pavée / Bordée d'arbres

Routes Départementales — Bordée d'arbres / sans arbres

R.tes Royales et Départementales — en bois / Pavée

Chemin de Fer à deux Voies / **Chemin de Fer à une Voie**

Route Auxiliaire / **Grande Communication**

Chemin Vicinal / **Chemin d'Exploitation**

Sentier pour bêtes de somme / Sentier pour les piétons

Clocher	Commune	Église
Auberge	Cabaret	Maison isolée
Verrerie	Forge, M.on à eau	Scierie
Fourneau d'usine	Moulin à vent en bois	M.lin à vent en pierre
Routes d'enrayage	Poste aux chevaux	Poste aux lettres
Télégraphe	Point Trigonométrique	Carrière, Mine
Rivière flottable	Rivière navigable	Gué à pied
Pont volant	Bac, Bac à traille	Canal avec écluse
Pont de pierre	Pont de bois	Pont de bateaux
Aqueduc	Batardeau	Barrage
Infanterie de ligne	Infanterie légère	Inf.e étrangère
Artillerie à pied	Artill.e à cheval	Artil.e étrangère
Cuirassiers	Carabiniers	Cavalerie étrang.e
Dragons	Chasseurs	Ancienne position
Hussards	Lanciers	Combat
Grand Garde d'inf.e	G.de Garde de Cavalerie	Bataille gagnée
Avant-Poste d'inf.e	Av.t Poste de Cavalerie	Bataille perdue
Quartier Général	Abatis	Batterie de Canons
Parc d'Artillerie	Parc de Sapeurs	Batt.e de Mortiers
Parc de Charrois	Parc de Vivres	Feux d'inf.e et Art.e
Ligne de Marche	Ligne de Retraite	

Terres labourables	Prairies	Vignes	Forêts ou Bois	Friches
Carmin, Gomme-gutte et un peu d'Encre de chine.	Gomme-gutte et Bleu-indigo.	Carmin, Bleu-indigo.	Gomme-gutte et très peu de Bleu-indigo.	Panaché de Vert comme celui des Vergers et de Sable léger.
Fleuves et Rivières	**Vergers**	**Maison, Haies et Jardins**	**Marais**	**Mers**
Bleu de prusse ou Cobalt.	Vert entre celui des prairies et les bois.		Vert des prairies en recouvrant des flaques que l'on teinte en bleu.	Bleu-indigo et un peu de Gomme-gutte.
Marais Salans	**Bruyères**	**Parcs**	**Landes**	**Tourbières**
Comme la teinte de Mer.	Panaché de vert des prairies et de Carmin.	Gomme-gutte.	Panaché de vert terne et Rosé.	Comme les Bruyères un peu moins rouge.
Rizières	**Sables**	**Bois Marécageux**	**Masses des Villes**	**Limites de**
Comme les marais.	Gomme-gutte et Carmin.	Comme les bois en recouvrant des flaques bleues.	Carmin léger.	Commune. / Canton. / Arrondissement. / Département. / Royaume.

M. Dehanoy Professeur. Publié par J. Corréard Aîné Ingénieur Gravé par Delamare.

Ce Tableau fait partie d'un Cours complet en 18 Leçons dans lequel on trouve quelques notions de fortification ainsi que tous les signes usités en Stratégie. Paris. Imp. Goyer r. S.te Dauphine 7.

N° 2. TABLEAU DES SIGNES ET DES TEINTES CONVENTIONNELS.

Celui qui n'a pas la pratique du dessin doit s'exercer par la copie, à diverses échelles, des signes conventionnels, à acquérir la facilité de les représenter avec exactitude et régularité.

C'est aussi en composant les teintes que l'on parviendra à connaître la quantité et la force des couleurs dont elles sont formées; toutes les notions que l'on pourrait donner à ce sujet, comme on a souvent essayé de le faire, sont insuffisantes, et la pratique apprend beaucoup plus et beaucoup mieux que toutes les instructions écrites, à faire les teintes sans altérer leur pureté par des tâtonnements et l'addition trop répétée de couleurs diverses.

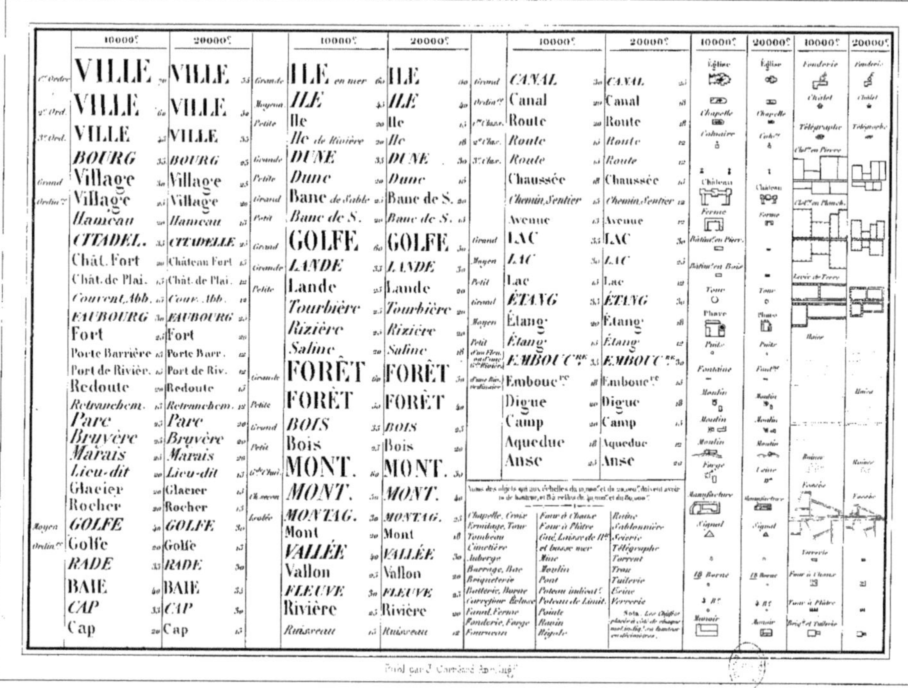

10000 20000   10000 20000   10000 20000   10000 20000 10000 20000
1er Ordre VILLE VILLE Grande ILE en mer ILE Grand CANAL CANAL Église Église Fonderie Fonderie
2e Ord. VILLE VILLE Moyen ILE ILE Ordin.re Canal Canal Chapelle Chapelle Châlet Châlet
3e Ord. VILLE VILLE Petite Ile Ile 1re Classe Route Route Calvaire Calv.re Télégraphe Télégraphe
Grande BOURG BOURG Grande DUNE DUNE 2e Clas. Route Route Chât.en Pierre
Grand Village Village Petite Dune Dune 3e Clas. Route Route Château Château
Ordin.re Village Village Grand Banc de Sable Banc de S. Chaussée Chaussée Ferme Ferme Chât.en Planch.
Hameau Hameau Petit Banc de S. Banc de S. Chemin,Sentier Chemin,Sentier Bâtim.en Pierre
CITADEL. CITADELLE Grand GOLFE GOLFE Grand Avenue Avenue Levée de Terre
Chât. Fort Château Fort Grande LANDE LANDE Moyen LAC LAC Bâtim.en Bois
Chât. de Plai. Chât. de Plai. Petite Lande Lande Petit LAC LAC Tour Tour
Couvent, Abb. Couv. Abb. Tourbière Tourbière Grand Lac Lac Phare Phare
FAUBOURG FAUBOURG Rizière Rizière Moyen ÉTANG ÉTANG Puits Puits Usine
Fort Fort Saline Saline Petit Étang Étang Fontaine Fontaine
Porte Barrière Porte Barr. Grande FORÊT FORÊT Étang Étang Moulin Moulin
Port de Rivièr. Port de Riv. FORÊT FORÊT EMBOUCURE EMBOUCURE
Redoute Redoute Petite BOIS BOIS Embouc.re Embouc.re Moulin Moulin
Retranchem. Retranchem. Grand Bois Bois Digue Digue Moulin Moulin
Parc Parc Petit MONT. MONT. Camp Camp Forge Usine
Bruyère Bruyère MONT. MONT. Aqueduc Aqueduc Ruine Ruine
Marais Marais Anse Anse Manufacture Manufacture
Lieu-dit Lieu-dit Isolée MONTAG. MONTAG.
Glacier Glacier Mont Mont Chapelle, Croix Four à Chaux Ruine Signal Signal
Rocher Rocher VALLÉE VALLÉE Ermitage, Tour Four à Plâtre Sablonnière
Moyen GOLFE GOLFE Vallon Vallon Cimetière et basse mer Télégraphe Verrerie
Ordin.re Golfe Golfe FLEUVE FLEUVE Auberge Mine Torrent Borne Borne Four à Chaux
RADE RADE Rivière Rivière Barrage Moulin Trou
BAIE BAIE Ruisseau Ruisseau Batterie, Borne Pont Tuilerie
CAP CAP Carrefour, Écluse Poteau de Limit. Verrerie Four à Plâtre
Cap Cap Canal, Ferme Route Lavoir Lavoir Briq.et Tuilerie
Fonderie, Forge Ravin
Fourneau Rigole

N° 3. TABLEAU DES ÉCRITURES ET ÉCHELLES DES SIGNES.

Ce modèle fait encore partie des exercices indispensables. Le dessin topographique le mieux fait est déparé et défiguré si les écritures qui s'y trouvent sont défectueuses ; il est donc important d'apprendre à leur donner des formes et une régularité satisfaisantes.

Les mots doivent être formés entre deux lignes fines et parallèles, tracées légèrement avec un crayon tendre, et l'on doit se servir, pour les écrire, d'une encre très-foncée.

On a ajouté sur ce tableau l'indication de la grandeur que doivent avoir les signes conventionnels, suivant l'échelle de la carte sur laquelle ils sont représentés.

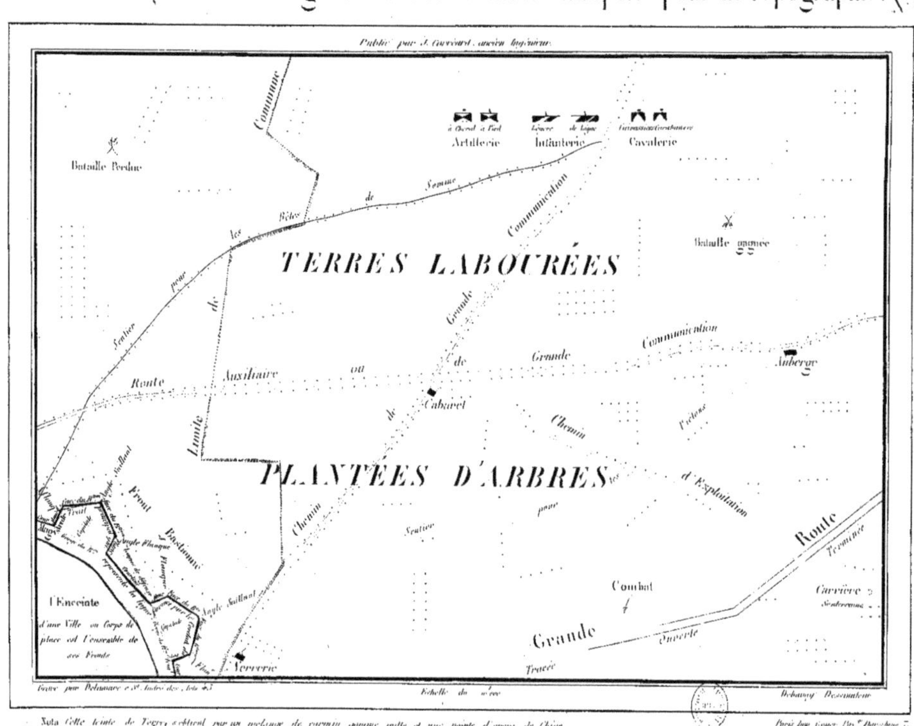
Publié par J. Gorcourt, ancien Ingénieur.
à Cheval   à Pied
Artillerie
Légère   de Ligne
Infanterie
Carabiniers Carabiniers
Cavalerie
Bataille Perdue
Commune
Bêtes
pour
les
de
Sentier
de la Somme
Communication
TERRES LABOURÉES
Bataille gagnée
Route   Auxiliaire   ou
Grande
Communication
Auberge
Limite
Grande   de   Cabaret
Grande
Chemin
Pictons
PLANTÉES D'ARBRES
Chemin
Sentier
pour
d'Exploitation
Route
Terminée
Front
Bastionné
Angle Saillant
Angle Flanqué
Angle Saillant
l'Enceinte
d'une Ville ou Corps de
place est l'ensemble de
ces Fronts
Verrerie
Combat
Carrière
Souterraine
Grande   Ouverte
Tracée
Gravé par Delamare et St Andre des Arts 45.
Echelle du mère
Debanyy Dessinateur
Nota Cette teinte de Terre, s'obtient par un mélange de carmin, gomme gutte et une pointe d'encre de Chine
Paris Imp Lemps Bd St Denis

N° 4. TERRES LABOURÉES.

Pour obtenir de grandes teintes plates, uniformes et sans taches, il faut préparer une quantité suffisante de couleur, attendre pour l'employer que le mélange soit bien complet, et l'appliquer vivement, hardiment, avec un gros pinceau.

Les routes, chemins, ruisseaux, limites, etc., servent à diviser la teinte générale et permettent de la coucher ainsi par partie.

Il faut avoir le soin, chaque fois que l'on prend de la teinte dans le godet qui la contient, de la bien remuer avec le pinceau ; presque toutes les teintes composées tendent à former un dépôt.

La plupart du temps les terres labourées restent blanches.

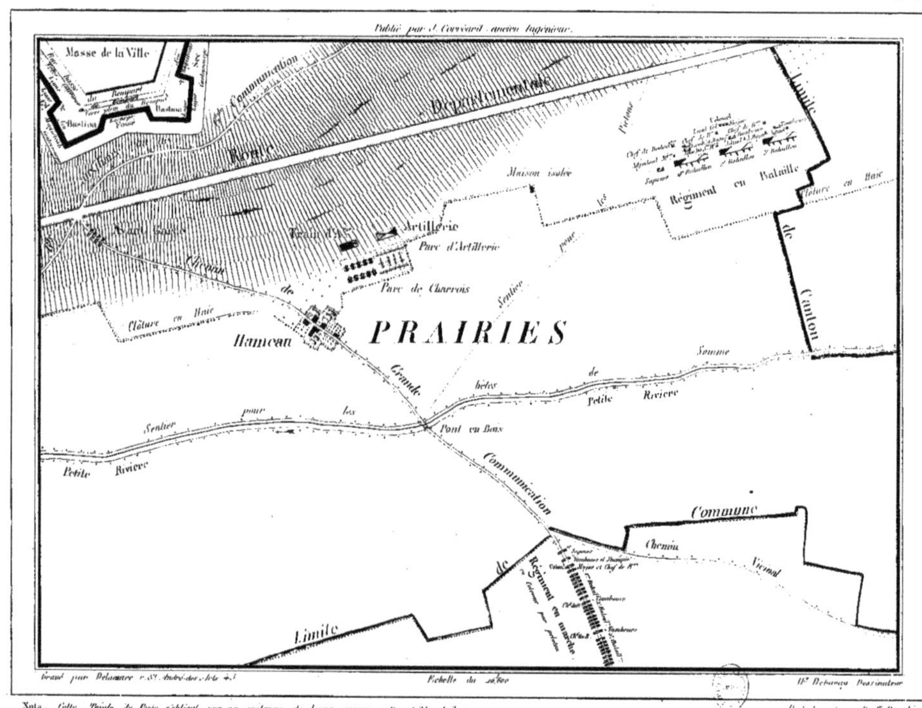

Publié par J. Courvard ancien Ingénieur.
Masse de la Ville
Communication
Départementale
Route
Maison isolée
Régiment en Bataille
Clôture en Haie
Artillerie
Parc d'Artillerie
Parc de Charrois
Sentier pour les
Cloture de Canton
Clôture en Haie
Hameau
PRAIRIES
Somme
Grande
bêtes
de
Petite Rivière
Sentier pour les
Pont en Bois
Petite Rivière
Communication
Commune
Chemin
Vicinal
de
Régiment en marche
Limite
Colonel
Chef de Bataillon
Régiment en Bataille
Gravé par Delamare r. St André des Arts 45.
Echelle du
Hᵉ Debaraux Dessinateur
Nota. Cette Teinte de Prés s'obtient par un mélange de Jaune gomme gutte et Bleu Indigo
Paris Imp. Gogeo Rue Dauphine 5.

N° 5. PRAIRIES.

Il faut éviter de faire cette teinte des prairies trop dure, et la tenir un peu plus jaune qu'elle ne doit être, le bleu indigo qui entre dans sa composition a l'inconvénient de se ternir promptement, de tourner au verdâtre et par conséquent de foncer les teintes dans lesquelles il est employé.

Les corps de troupes doivent être coloriés avec des couleurs très-vives et très-pures ; ils le sont ici avec du bleu de cobalt et du minium.

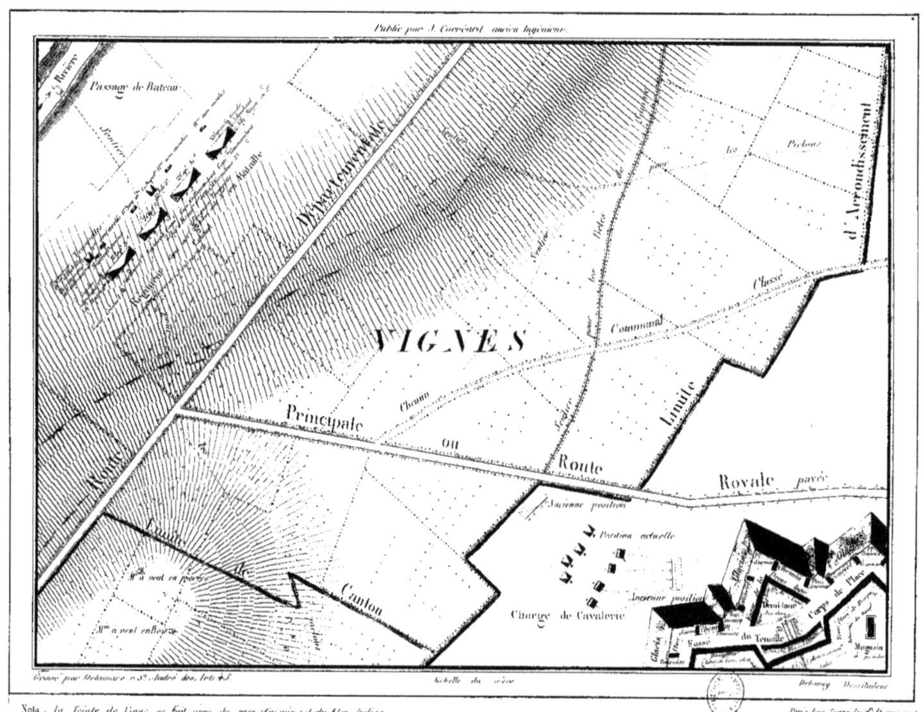

Publié par J. Courréant ancien Ingénieur.
Passage de Bateau
Rivière
VIGNES
Principale
ou
Route
Royale
pavée
Chemin
Communal
Limite
d'Arrondissement
les Prélans
Classe
Ancienne position
Position actuelle
Ancienne position
Charge de Cavalerie
Corps de Place
Canton
Mⁿ à vent en pierre
Mⁿ à vent en Bois
Gravé par Delamare r. St André des Arts 45.
Echelle du
Desbuoy Del. Inline
Nota. la Teinte de Vigne se fait avec du rose, et on met et du bleu indigo

La teinte des vignes doit toujours être très-légère ; quelques fois, et quand elle est entourée d'autres teintes de culture, elle paraît d'un violet trop brillant et nuit à l'harmonie des tons ; on peut dans ce cas l'éteindre (adoucir) en y ajoutant une pointe d'encre de Chine.

La fortification, placée dans un des angles de cette planche, y a été mise comme indication de dessin et pour réunir les différentes parties qui peuvent entrer dans sa composition, mais non pas comme exemple de tracés défensifs rigoureux. Cette observation s'applique aussi à plusieurs des planches suivantes.

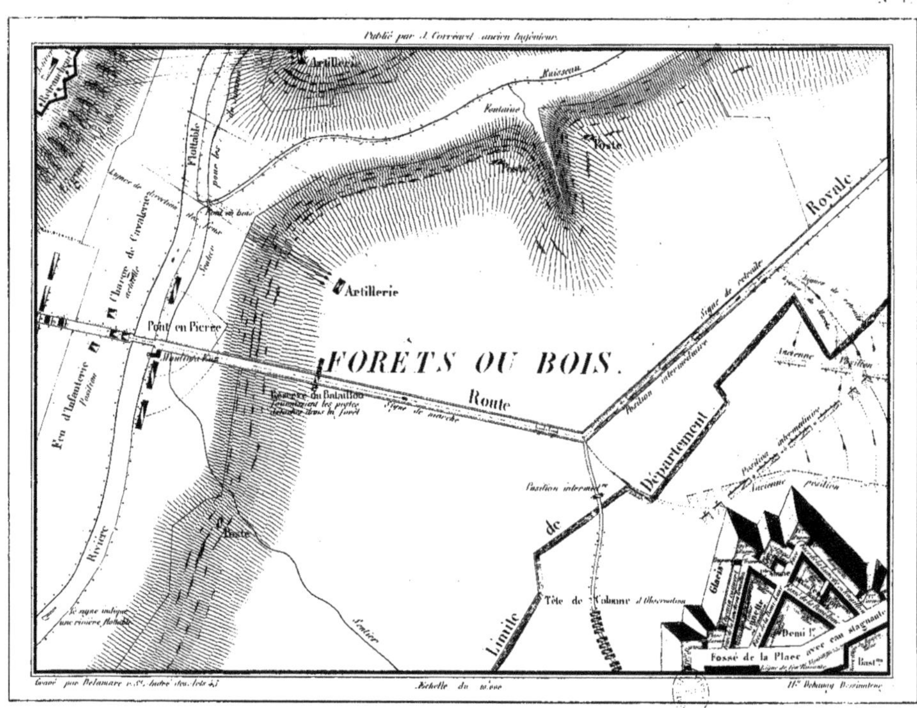

Publié par J. Corréard ancien Ingénieur.
Artillerie
Ruisseau
Fontaine
Poste
Royale
Flottable
Ligne de circulation
Charge de Cavalerie
Rond en bois
Sentier
Artillerie
Rég. d'Infanterie
Pont en Pierre
FORÊTS OU BOIS.
Route
Réserve du Bataillon
Ligne de marche
Ligne de retraite
Position intermédiaire
Pavillon
Ancienne
Pavillon
Département
Position intermédiaire
Ancienne position
Position intermédiaire
Rivière
Route
Ce signe indique
une rivière flottable
Sentier
Limite
de
Tête de Colonne d'Observation
Glacis
Lunette
Demi l.
avec eau stagnante
Fossé de la Place
Bast.
Gravé par Delamare r. St André des Arts 45
Échelle du 10.000
H. Debuny Dessinateur
Nota. La Teinte de Bois se fait avec de la Gomme gutte dans laquelle on met une pointe de Bleu Indigo.
Paris Imp. Lemercier

N° 7. FORÊTS ET BOIS.

Cette teinte doit contenir seulement une parcelle d'indigo, pour ôter à la gomme-gutte sa crudité et lui donner un ton légèrement verdâtre, qui doit fortement trancher sur le vert des prairies. C'est l'une des teintes qui s'étend avec le plus de facilité.

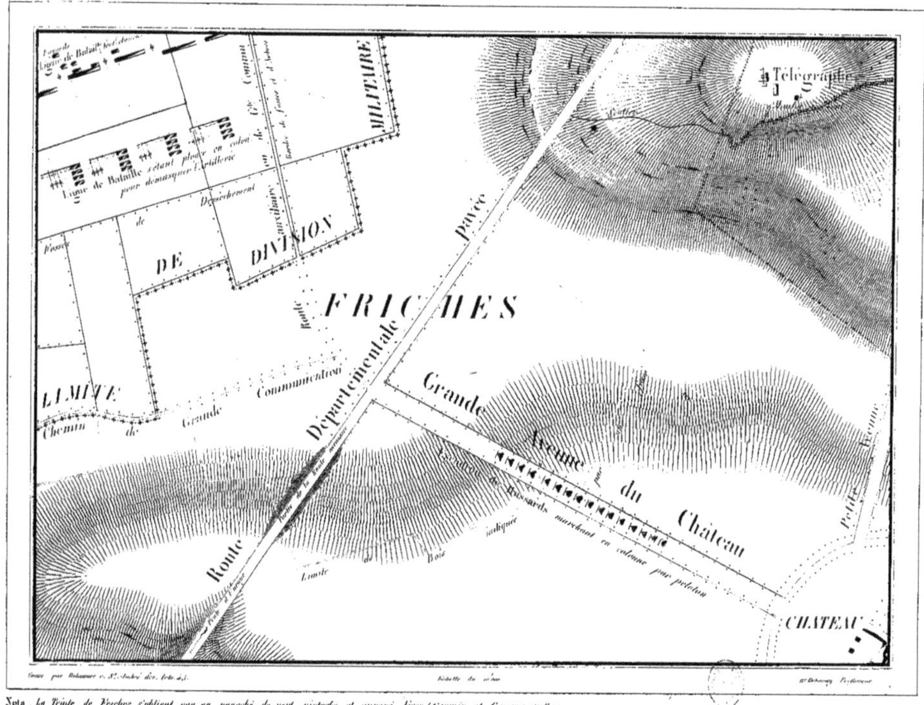

Nota. La Teinte de Friches s'obtient par un panaché de vert pistache et aurore léger (Carmin et Gomme-gutte)

N° 8. FRICHES.

Cette nature de terrain se représente par une teinte panachée composée de deux tons. L'un, orangé, est obtenu par un mélange de carmin et de gomme-gutte ; l'autre, vert, est la teinte employée pour les bois, avec un peu plus de bleu.

Ces deux couleurs doivent être faites dans des godets séparés, être limpides et se poser simultanément avec deux pinceaux montés sur une hampe commune ; elles doivent se toucher, se fondre ensemble, sans produire de taches ni de lignes visibles de jonction, ce qui exige de la vivacité et de la hardiesse dans le travail du pinceau.

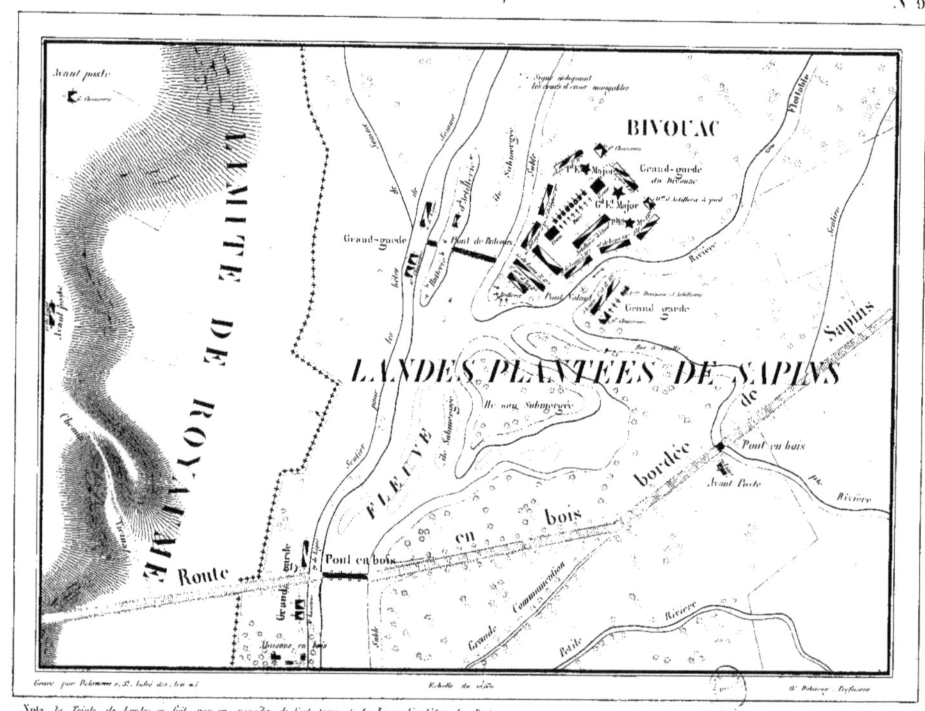
Avant poste
Chasseurs
BIVOUAC
LIMITE DE ROYAUME
Signal indiquant les chutes et eaux innavigables
Grand-garde du Bivouac
Major
Gd. Et. Major
Art.ie d'Artillerie à pied
Grand-garde
Pont de Bateaux
Grand-garde
Pont Volant
Rivière
Sapins
LANDES PLANTÉES DE SAPINS
Ile non Submergée
de
bordée
Pont en bois
Avant Poste
FLEUVE
en
bois
Rivière
Route
Grande garde
Pont en bois
Maisons en bois
Grande Communication
Petit
Rivière
Gravé par Delanne r. St. André des Arts n.1
Echelle du 1/20000
H. Delvinay Professeur

Nota la Teinte de landes se fait par un panache de Vert terne et de Jaune Verdâtre des Bois.

N° 9. LANDES.

La teinte panachée des landes est composée du vert des prairies et du jaune des bois ; il faut, en les posant, observer de donner à chacun de ces tons une étendue à peu près horizontale, comme l'indique le modèle.

Cette planche est traversée par un fleuve, dont le trait aura été fait avec du bleu de cobalt, et dont le lavis se fera avec du bleu de prusse.

On commencera par les adoucis des rives, d'un ton plus prononcé et plus large au contact des limites, en bordant la berge d'un filet, avec le pinceau qui contiendra du bleu de prusse, et retournant la hampe, on suivra le bord de ce filet, avant qu'il ne soit sec, avec l'autre pinceau et de l'eau pure, ce qui ne permet d'en faire qu'une petite partie à la fois. La rive opposée sera faite de même, et avec un filet aussi large et aussi foncé.

Puis on passera sur le tout, une légère teinte plate de bleu, sans perdre de vue que le bleu de prusse fonce en séchant, et qu'il faut le tenir d'un ton un peu plus léger qu'il ne doit être plus tard.

On peut laver les eaux avec le bleu de cobalt, qui offre un ton moins cru et qui ne change pas ; mais cette couleur, à moins d'être parfaitement préparée, ce qui est rare, est d'un emploi très-difficile, surtout pour les teintes plates.

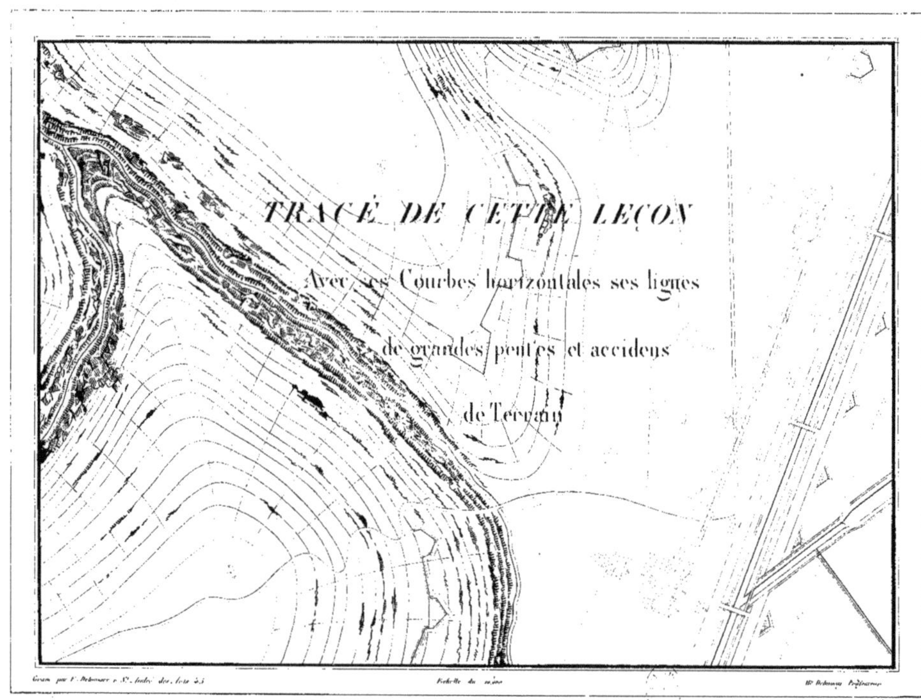

TRACÉ DE CETTE LEÇON
Avec ses Courbes horizontales ses lignes
de grandes pentes et accidens
de Terrain

N° 10. RELIEF DU TERRAIN.

Cette planche, qui offre une configuration de terrain assez exceptionnelle, est disposée de manière à être un excellent exercice pour le tracé des courbes horizontales et l'indication générale de hachures ou lignes de grandes pentes, que l'on trouve terminées sur la planche suivante (n° 11).

On y joint un modèle du tracé d'un camp et de tout ce qui en dépend.

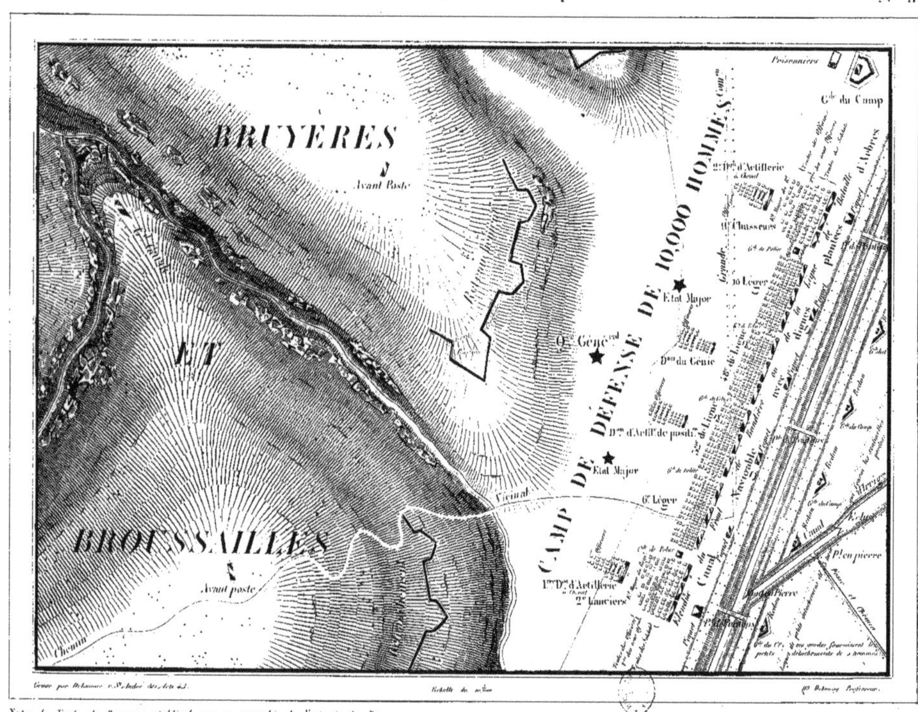

Gravé par Delamare r. St André des Arts 45.

Echelle du 1/10000

Hᵗ Delamare Imprimeur.

Nota la Teinte de Bruyères s'obtient par un panaché de Vert et de Rose.

N° 11. BRUYÈRES ET BROUSSAILLES.

Le panaché appliqué aux bruyères est composé du vert des prairies et d'une teinte légère de carmin pur, qui doivent se fondre irrégulièrement.

Les rochers se teintent d'une légère couleur orangée ; on peut, quand ils sont sur une grande échelle, ou d'une étendue considérable, y faire des retouches d'un ton violacé qui rompt l'uniformité et augmente le relief.

Cette planche, suite de la précédente, offre le travail complet des hachures.

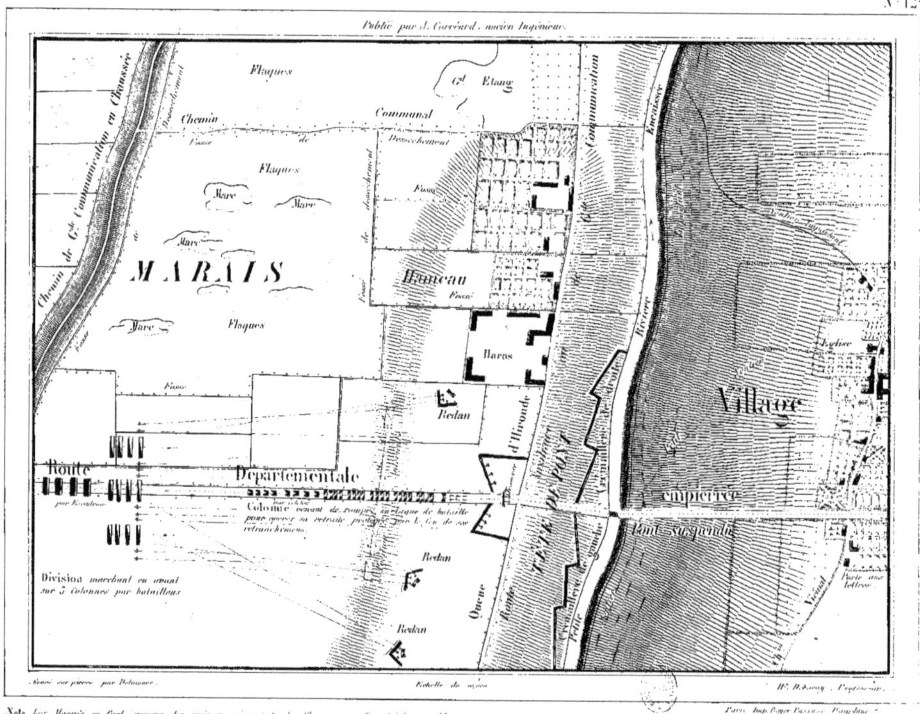
Publié par J. Corréard, ancien Ingénieur.
Flaques
Chemin
de
Flaques
Mare
Mare
Mare
MARAIS
Mare
Flaques
Fossé
Gᵈ Etang
Communal
Débouchement
Fossé
Hameau
Fossé
Barns
Redan
d'Hironde
Route
Départementale
par Ecouteux
Colonne venant de rompre au risque de bataille
pour opérer sa retraite protégée par le feu de ses
retranchemens.
Division marchant en amont
sur 3 Colonnes par bataillons.
Redan
Redan
Omène
Chemin de Gᵗᵉ Communication en Chaussée
Chemin de Gᵗᵉ Communication
Communication
Enceinte
Rivière
Village
Église
empierrée
Pont suspendu
Porte aux
lettres
Grand Chemin de Fer du Port
Dessiné sur pierre par Delaunne.
Echelle du métre
Wᵐ Delarue, l'imprimeur.
Nota. Les Marais se font comme les prés en réservant des flaques que l'on teinte en bleu.
Paris Imp. Corréard Passage Dauphine.

N° 12. MARAIS.

Les marais doivent être lavés, pour le fond, avec le vert qui sert aux prairies, les flaques d'eau et les mares sont traitées comme les rivières, mais on fait sur l'une et l'autre teintes des retouches horizontales, avec les mêmes couleurs un peu plus foncées. Ces retouches doivent être légères et peu nombreuses, afin d'éviter la crudité et la discordance avec les autres teintes voisines.

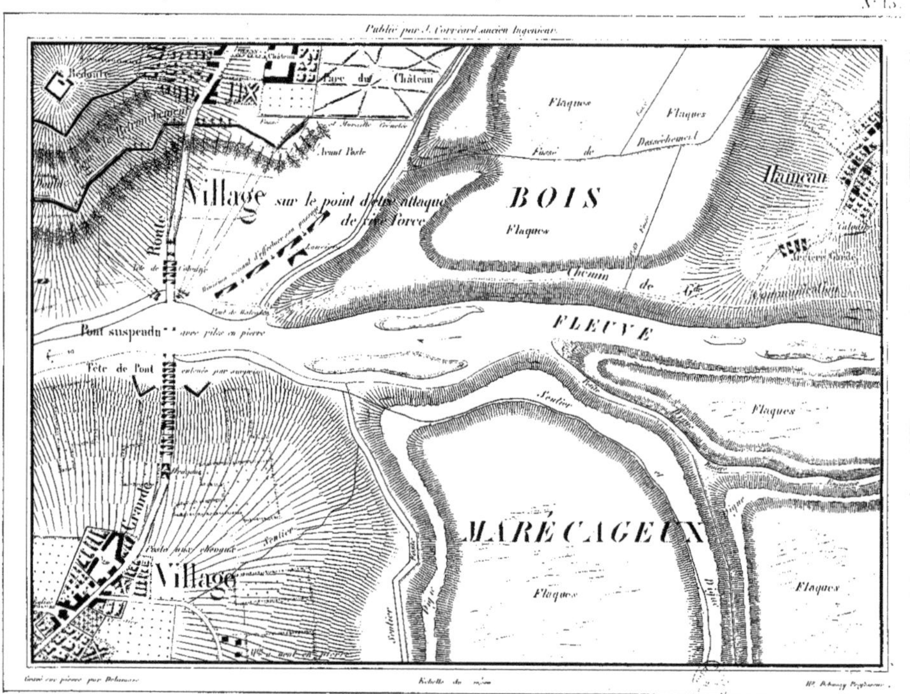

Nota. Les Bois Marécageux se font comme les bois, réservant des flaques que l'on teinte en bleu comme les rivières.

N° 13. BOIS MARÉCAGEUX.

Ici la teinte générale du fond est le jaune verdâtre des bois, les flaques d'eau sont traitées comme celles des marais ordinaires (n° 12), il faut les teinter légèrement de manière à ce qu'elles ne produisent pas un contraste trop tranchant avec la teinte du fond.

Les parcs plantés ou boisés sont lavés avec de la gomme-gutte pure.

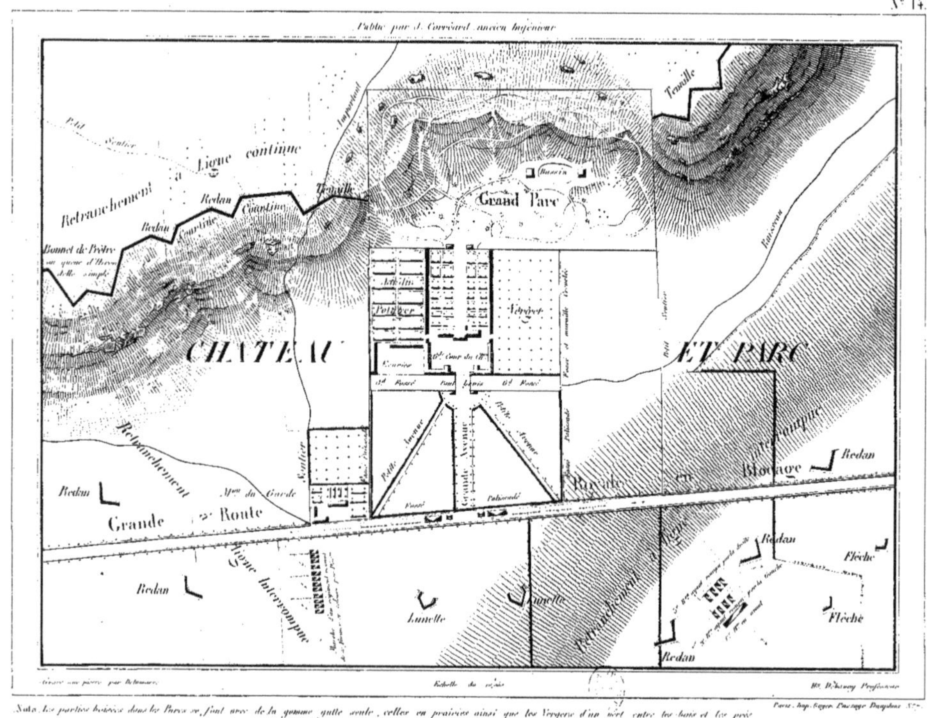

Publié par J. Corréard, ancien Ingénieur.
Ligne continue
Retranchement
Redan
Redan
Courtine
Courtine
Bonnet de Prêtre ou queue d'Hironde simple
Petit Sentier
Tenaille
Impostant
Grand Parc
Bassin
Tenaille
Ruisseau
Potager
Verger
CHATEAU
ET PARC
Retranchement
Mⁿ du Garde
Redan
Grande 2ᵉ Route
Sentier
Petit Sentier
Bastionné en Blocage
Redan
Redan
Ligne interrompue
Lunette
Lunette
Redan
Flèche
Flèche
Redan
Retranchement en ligne
Gravé sur pierre par Delamare.
Échelle du ⅒⁰⁰⁰
Hr. Delaunay Professeur
Note. Les parties boisées dans les Parcs se font avec de la gomme gutte seule, celles en prairies ainsi que les Vergers d'un vert entre les bois et les prés.
Paris, Imp. Gigon, Passage Dauphine N°.

N° 14. CHATEAU ET PARC

On a réuni sur cette planche les dispositions et les natures de terrains qui se trouvent le plus ordinairement dans les parcs clos, et pour le lavis desquels on s'écarte un peu des règles posées dans le tableau des teintes conventionnelles; ainsi, on modifie le vert des prés par de légères retouches, on donne plus de vivacité à celui des vergers. Les jardins et potagers se font aussi avec des couleurs plus brillantes; les parties entièrement boisées sont couvertes d'une teinte de gomme-gutte, pure, mais celles qui sont interrompues, comme dans le jardin anglais de la partie supérieure du modèle, sont retouchées au pinceau pour leur donner plus de saillies sur le fond du gazon.

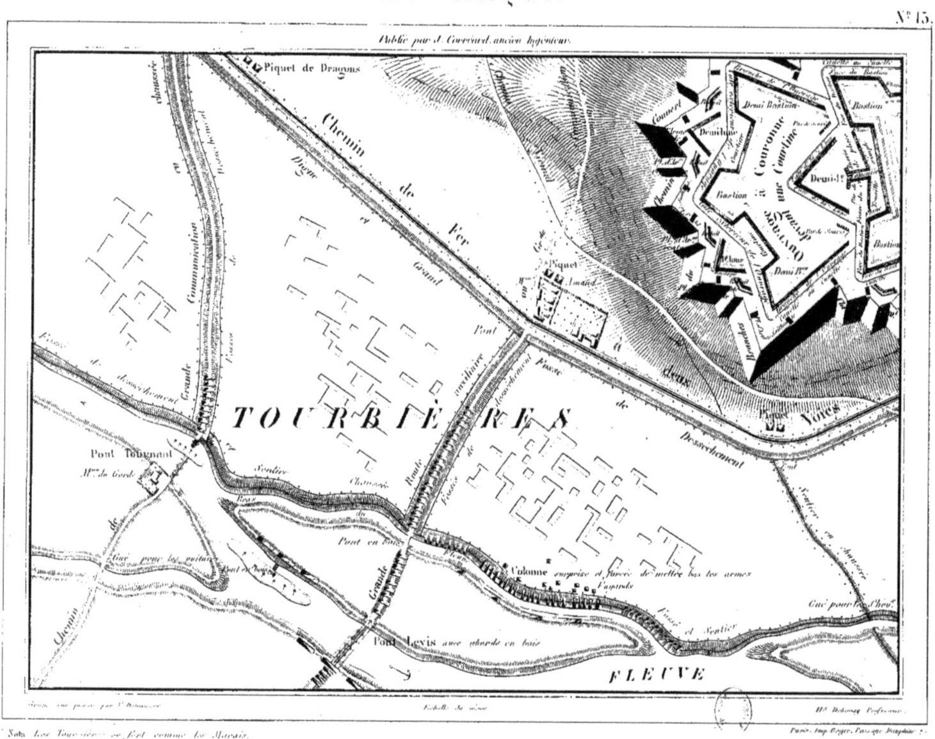
Publié par J. Cuvelard, ancien Ingénieur.
Piquet de Dragons
Chemin de Fer
Grand
Chemin de Communication
Piéton
Piquet Amand
Pont
Couvert
Demilune
Bastion
Demi Bastion
Couronne à une Courtine
Ouvrage à Couronne
Demi-lune
Bastion
Demi-Bᵗⁿ
Pont auxiliaire
Fossé de Dessèchement
de Dessèchement
deux
Voies
TOURBIÈRES
Pont Tournant
Mⁿ du Garde
Sentier
Chaussée
Route de
Fossé de
Grande
Pont en bois
Pont de Chevaux
Gué pour les voitures
Colonne surprise et forcée de mettre bas les armes
l'aspirale
Gué pour les Chevaux
Fossé et Sentier
Chemin de
Pont Levis avec aborde en bois
FLEUVE
Echelle du mᵉ
Nota. Les Tourbières se font comme les Marais.
Paris. Imp. Roger, Passage Dauphine.

N°. 15. TOURBIÈRES.

Le fond du terrain est le même que celui des marais ; les fosses d'exploitation sont lavées en bleu de Prusse et relevées par un trait de force du côté opposé au jour. Le trait de ces fosses, ainsi que celui des rivières, doit avoir été fait avec du bleu de cobalt.

On a placé sur cette planche un ouvrage de fortification pour donner un exemple du lavis des différentes parties qui le composent.

Publié par J. Corréard, ancien Ingénieur.

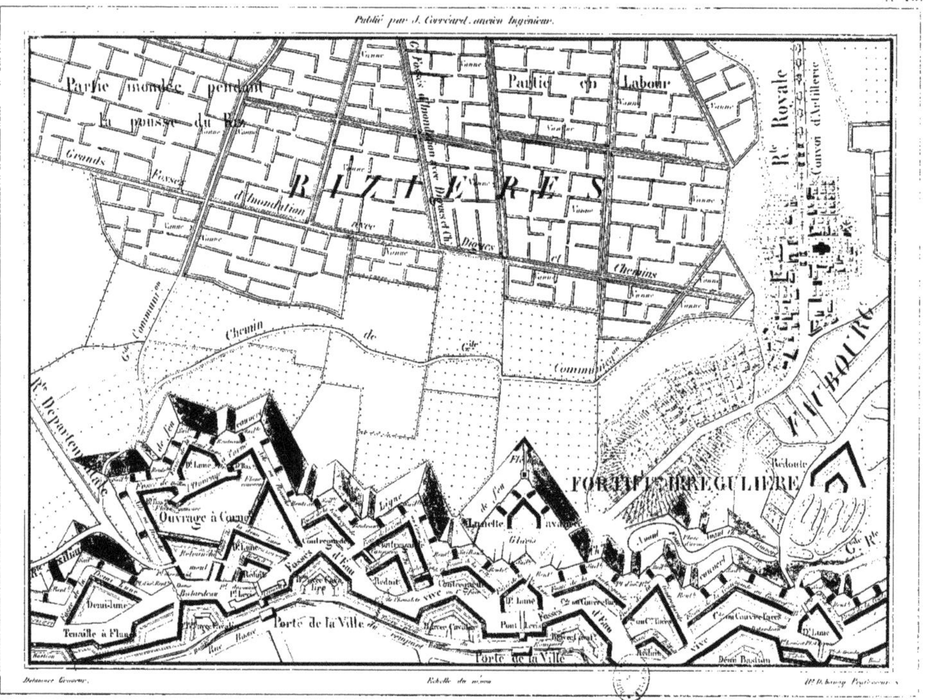

Delaunce Graveur.   Echelle du même.   Mr Delaunoy Professeur.

Nota. les parties de Rizières inondées se font comme les Marais, celles en Labour de même que les terres labourées.

Imp. Lemer. Passage Dauphine. Paris.

N° 16. RIZIÈRES.

Tous les petits canaux, qui doivent avoir été tracés avec du bleu de cobalt, sont lavés avec du bleu de Prusse, sur un fond de marais pour les parties inondées, et sur un fond de terre labourée pour celles sur terrains secs.

Cette planche offre encore un modèle du lavis de la fortification.

N° 17.

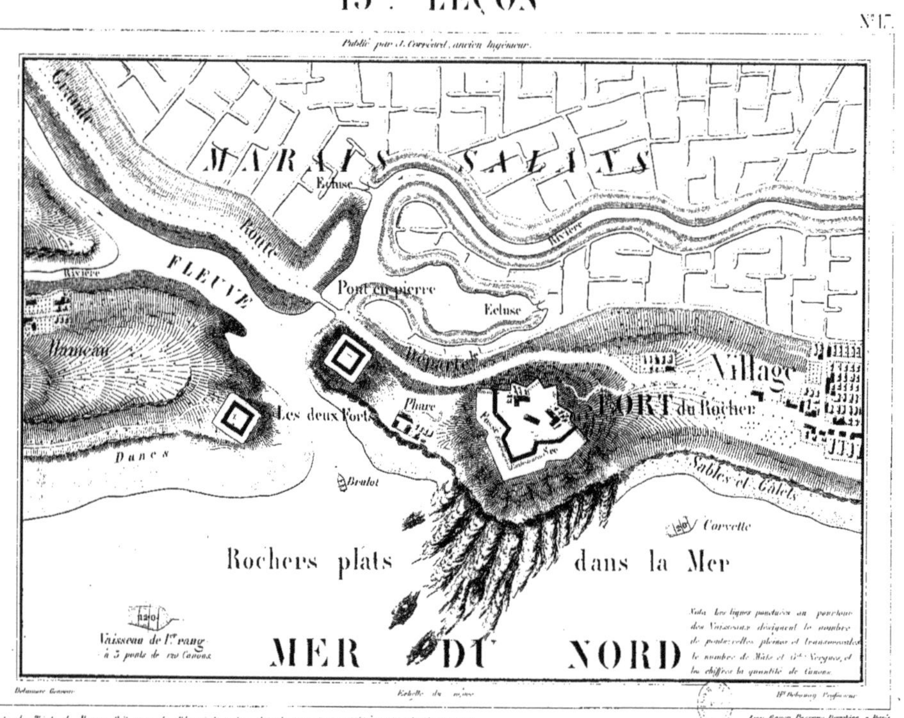

Publié par J. Corréard, ancien Ingénieur.
Grande
Écluse
MARAIS SALINS
Route
Rivière
FLEUVE
Rivière
Pont en pierre
Écluse
Hameau
Batterie
Village
Les deux Forts
Phare
FORT du Rocher
Dunes
Fossé
Fossé Sec
Sables et Galets
Brulot
Corvette
Rochers plats
dans la Mer
Vaisseau de 1er. rang
à 3 ponts de 120 Canons
MER DU NORD
Nota Les lignes ponctuées au pourtour
des Vaisseaux désignent le nombre
de passe-velles pleines et transmontées
le nombre de Mâts et Gdes Vergues, et
les chiffres la quantité de canons.
Delamare Graveur
Échelle du m/me
H. Debuisson Professeur.
Imp. Goyer, Passage Dauphine 7 Paris.

Nota La Teinte de Mer se fait avec du Bleu indigo dans lequel on met une faible partie de Gomme gutte.

N° 17. MARAIS SALANTS.

Les levées de terre restent blanches, sur un fond de mer (Indigo, légèrement teinté de gomme-gutte). On leur donne du relief par une retouche un peu plus foncée du côté choisi pour cet objet.

Les bords de la mer doivent être fondus comme il a été indiqué de le faire pour le lavis des rivières.

Les rochers seront pochés avec beaucoup de légèreté et de hardiesse, de manière à leur donner tout le relief désirable, sans cependant les rendre lourds et en désaccord avec les autres teintes de la carte.

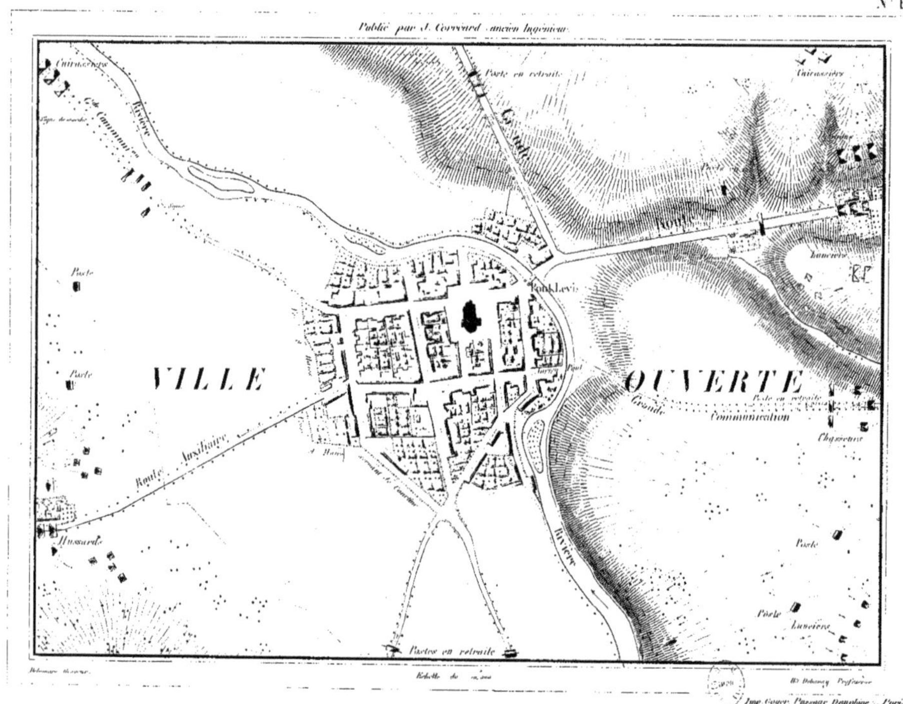
Publié par J. Corréard, ancien Ingénieur.
Chirurgiens
Poste en retraite
Chirurgiens
Côte de Communication
Rivière
Poste
Poste
Poste
VILLE
Route Auxiliaire
Hussards
Canal
Route
Lanciers
Pont-Levis
OUVERTE
Grande Communication
Poste en retraite
Chasseurs
Rivière
Poste
Poste
Lanciers
Postes en retraite
Échelle de cm.
Imp. Gager, Passage Dauphine, Paris.

N° 18. VILLE OUVERTE.

Les massifs de maisons, qui doivent avoir été mis au trait avec du carmin pur, seront remplis par une teinte légère et transparente de la même couleur, et relevés du côté de l'ombre par une ligne de force.

Les églises, monuments et édifices publics doivent être lavés avec une teinte plus foncée que celle des maisons.

Les parallélogrammes qui figurent les jardins peuvent être lavés avec toutes sortes de teintes variées, posées avec goût, en évitant celles qui se heurtent, forment taches, et rompent ainsi l'harmonie des tons.

Publié par J. Corréard, ancien Ingénieur.

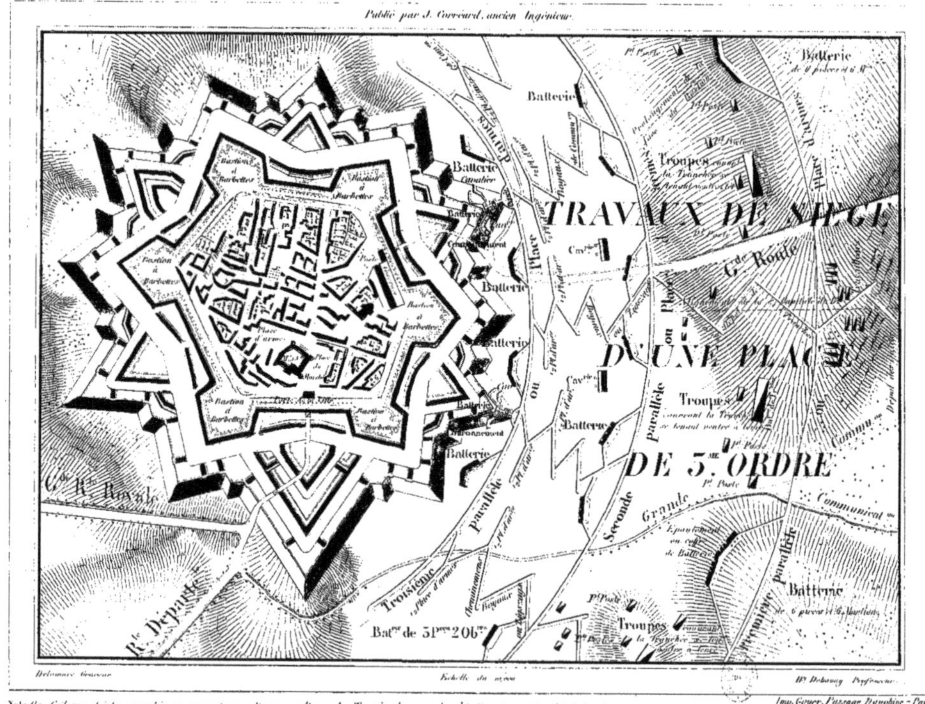

Delamare Graveur

Echelle du même

Hᵗ Debaury Professeur.

Nota On fait une teinte panachée en rapport aux diverses cultures du Terrain lorsque les Limites n'en sont point indiquées.

Imp. Goyer, Passage Dauphine, 9 Paris

N° 19. TRAVAUX DE SIÉGE.

Cette planche, qui offre un nouvel exemple du lavis des bâtiments d'une ville et de ses fortifications, indique encore le dessin et le lavis des ouvrages d'attaque.

Les tranchées, après avoir été mises au trait avec de l'encre de la Chine, sont remplies par une teinte orangée, celle des terres labourées et approfondies par un trait de force appliqué toujours du même côté.

Les batteries se teignent en gros vert dans lequel on ménage les embrasures.

Ici la nature des cultures n'étant pas indiquée par des divisions, on pourrait se dispenser de laver tout le terrain qui entoure la place, cependant on peut le couvrir, ou par une teinte uniforme, celle employée ordinairement pour les terres labourées, ou bien par un panaché indiquant à peu près l'emplacement de chaque culture ou nature du terrain, comme le représente ce modèle n° 19.

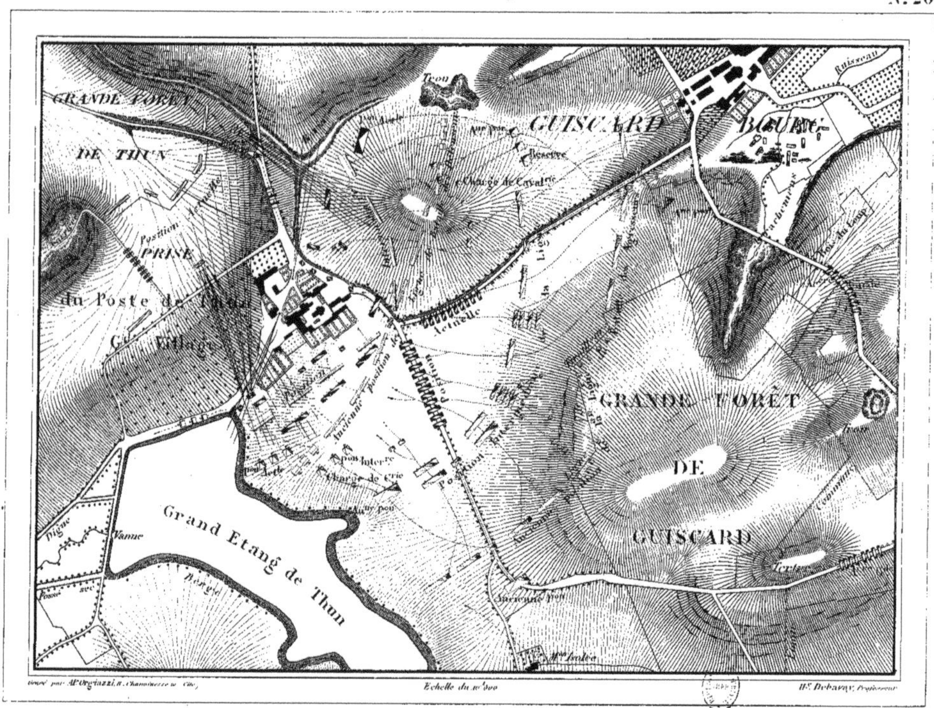

Dessiné par Mⁱ Orgiazzi, R. Chanoinesse n° 6
Echelle du 1/10 000
Hᵗᵉ Debaray, Professeur
Publié par J. Correard, Ingᵗ

N° 20. PLAN D'ENSEMBLE.

On a réuni sur ce modèle un grand nombre d'accidents de terrain, dont le rapprochement offre quelquefois des difficultés. Son étude peut donc être très-utile, et offrir des exemples pour des cas embarrassants.

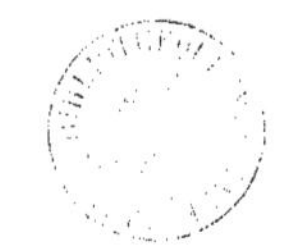

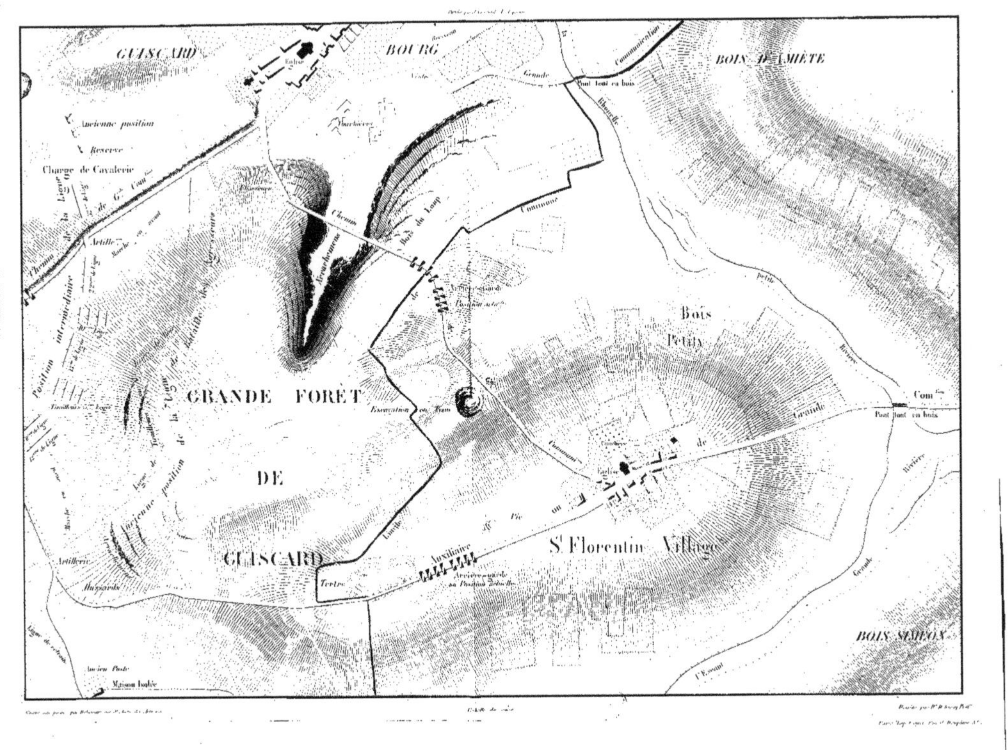

GUISCARD
BOURG
BOIS D'AMIÈTE
Ancienne position
Réserve
Charge de Cavalerie
Église
Abatteurs
Chemin
Bois du Loup
Communication
Grande
Pont tout en bois
Grande
Communication
Bois Petits
Bois Petits
Com
Pont tout en bois
GRANDE FORÊT
DE
GUISCARD
Observation en Plan
St Florentin Village
Artillerie
Hussards
Ancien Poste
Maison brûlée
Auxiliaire
Arrière-garde
en Position Defensive
Tertre
BOIS SIMÉON

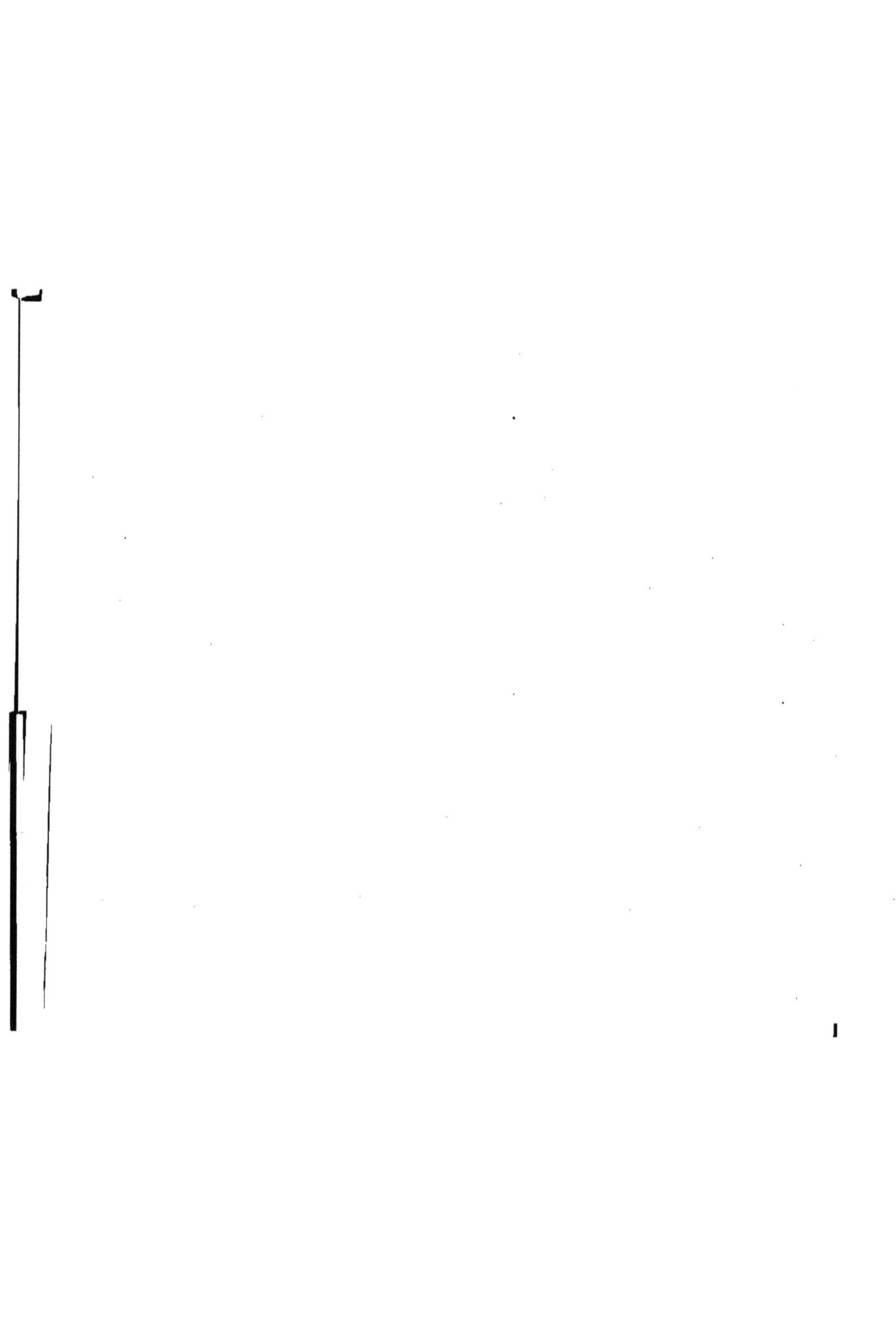

I

N° 21. CARTE A L'ÉCHELLE DE $\frac{1}{5000}$.

Cette carte reproduit sur une échelle double une partie du terrain représenté sur la planche précédente ; ici le travail est plus large, les teintes plus étendues.

Un exercice très-utile à ceux qui étudient le dessin de la topograghie, est de copier les modèles de ce traité, tantôt en augmentant, tantôt en diminuant la grandeur de l'échelle.

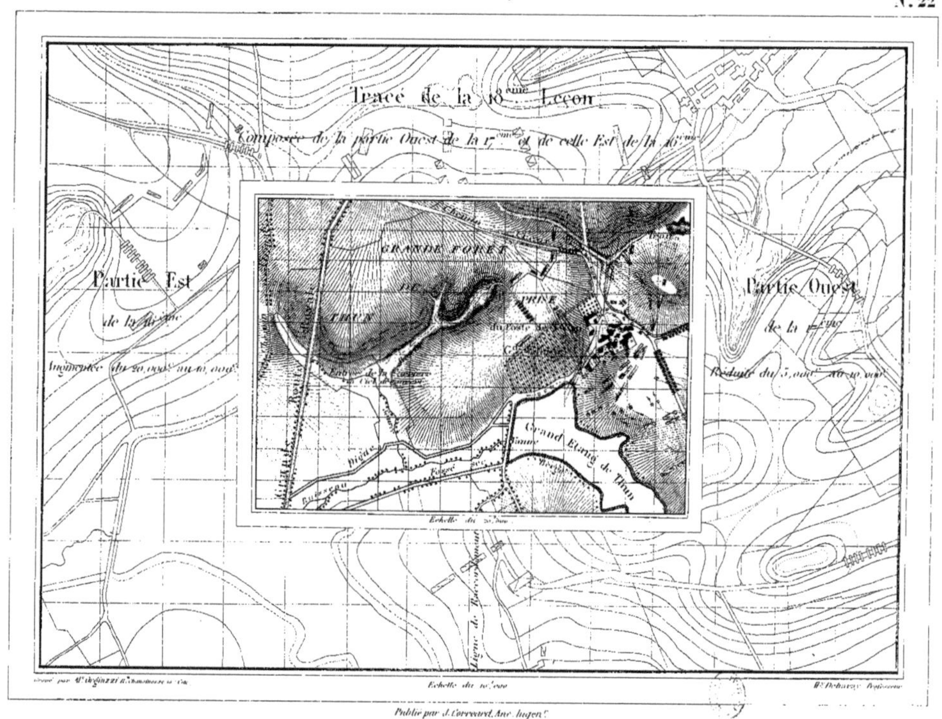

Gravé par M.ᵈˢ Deglinzzi R. Chaussée de la Cité.   Publié par J. Corréard, Anc. Ingen.ᵈ   M.ᵉ Debarcy Professeur.

N° 22. ÉPURE DE PLANIMÉTRIE ET DE COURBES.

Exemple de cartes d'échelles différentes rapportées à une échelle commune et raccordées en augmentant la grandeur des unes et en réduisant celle des autres.

Modèle de carte à l'échelle de $\frac{1}{20000}$.

par M. Debanay Professeur employé à la Carte de France au Dépôt Gᵃˡ de la Guerre.   Publié par J. Corvard Ancⁿ Ingénieur.   Gravé sur Pierre, par F. Delamare R. Sᵗ-André des Arts 45.

Nota : Les Ecritures entre parenthèse ne sont mises sur cette Leçon que pour indiquer le caractère de chaque chose, ainsi que le genre et la hauteur d'écritures que l'on doit employer, selon l'importance des objets représentés; ainsi on pourra prendre pour l'objet principal d'une carte à cette échelle, la hauteur du mot Nissa et celles des mots, Moulin, Croix, Ferme &c. pour ceux d'une moindre importance.

N° 23. CARTE A L'ÉCHELLE DE $\frac{1}{10.000}$.

Cette carte offre la réunion de tous les terrains, de toutes les cultures et des détails qui se trouvent représentés séparément et sur une plus grande échelle dans les précédents modèles.

LIMITES DE

- Royaume. ++++++++++
- Division militaire. —+—+—+—+—+—+—+
- Département.
- Arrondissement.
- Canton.
- Commune.

SIGNES

- ▲ Point trigonométrique.
- ⊙ Église déterminée trigonométriquement.
- ⌣ Église.
- + Croix.
- ⊞ Clôture en pierre.
- Clôture en haie.
- Poste aux chevaux.
- Poste aux lettres.
- Relais avec bassin.
- Borne milliaire.
- Petit pont en bois.
- 225 Cote de niveau servant à indiquer la différence relative des hauteurs de montagnes entr'elles, la Cote zéro, désigne toujours l'endroit le plus bas d'un plan, et l'on rapporte, autant que possible le niveau de ce point à celui de la mer.

TABLEAU COMPARATIF DES GENRES D'ÉCRITURE

VILLE ILE FORÊT. capitale droite
BOURG, FAUBOURG, FLEUVE. capitale penchée
Village, Village Fort, Château. Romain droit
Banc de Sable, Saline, lieu-dit. Romain penché
Hameau, Parc, Marais, Chaussée. Romain penché
Ruisseau, Écluse, Moulin, Retranchement, Batique.

La hauteur des Écritures varie selon l'importance des objets.

Exemple:

VILLE de 1ᵉʳ classe VILLE de 2ᵉ classe VILLE de 3ᵉ
Route Royale de 1ᵉʳ classe Rᵗᵉ Royale de 2ᵉ Rᵗᵉ Rᵉ de 3ᵉ

Nota: Les chiffres placés à côté de chaque mot indiquent sa hauteur en décimillimètres.

CHEF-LIEUX DE

- Préfecture.
- Sous-Préfecture.
- Canton.
- Commune. Village

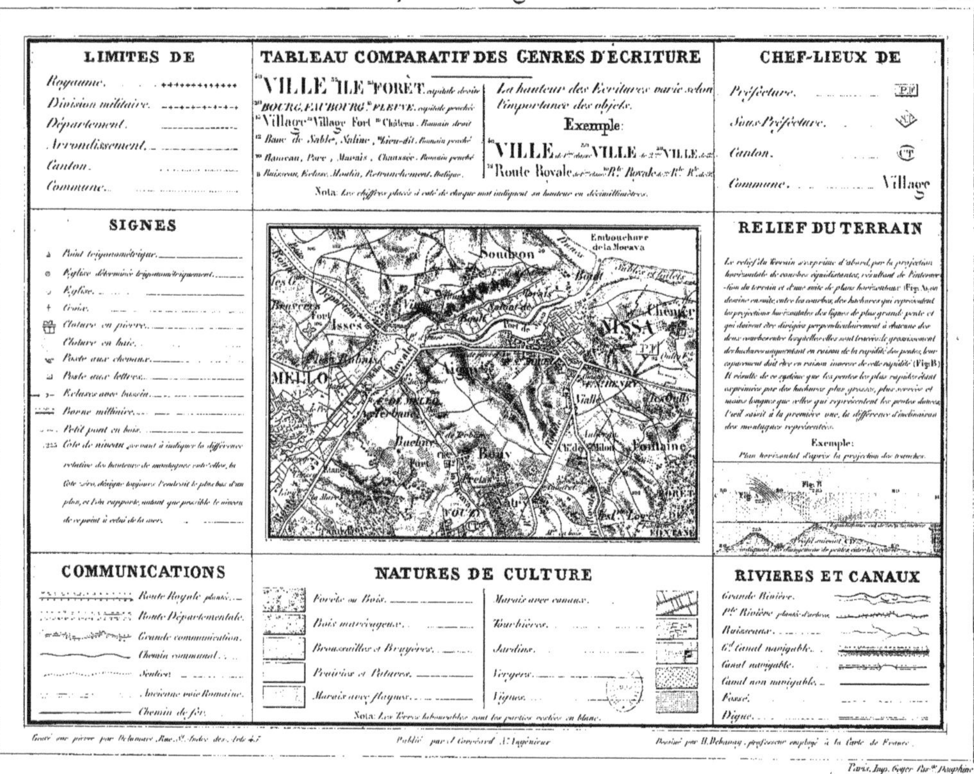

RELIEF DU TERRAIN

Le relief du Terrain s'exprime d'abord par la projection horizontale de couches équidistantes, résultant de l'intersection du terrain et d'une suite de plans horizontaux (Fig A) on dessine ensuite entre les courbes, des hachures qui représentent les projections horizontales des lignes de plus grande pente et qui doivent être dirigées perpendiculairement à chacune des deux courbes entre lesquelles elles sont tracées; le grossissement des hachures augmentant en raison de la rapidité des pentes, leur espacement doit être en raison inverse de cette rapidité (Fig B) Il résulte de ce système que les pentes les plus rapides sont exprimées par des hachures plus grosses, plus serrée et moins longues que celles qui représentent les pentes douces, l'œil saisit à la première vue, la différence d'inclinaison des montagnes représentées.

Exemple:

Plan horizontal d'après la projection des tranches.

COMMUNICATIONS

- Route Royale plantée.
- Route Départementale.
- Grande communication.
- Chemin communal.
- Sentier.
- Ancienne voie Romaine.
- Chemin de fer.

NATURES DE CULTURE

- Forêts ou Bois.
- Bois marécageux.
- Broussailles et Bruyères.
- Prairies et Pâtures.
- Marais avec flaques.
- Marais avec canaux.
- Tourbières.
- Jardins.
- Vergers.
- Vignes.

Nota: Les Terres labourables sont les parties restées en blanc.

RIVIÈRES ET CANAUX

- Grande Rivière.
- Pᵗᵉ Rivière plantée d'arbres.
- Ruisseaux.
- Gᵈ Canal navigable.
- Canal navigable.
- Canal non navigable.
- Fossé.
- Digue.

Gravé sur pierre par Delamare, Rue St André des Arts 45. — Publié par J Gregeard, Ingénieur. — Dessiné par H. Debanay, professeur employé à la Carte de France.

Paris, Imp. Geyer Rue Sˢ Dauphine 7.

N° 24. CARTE A L'ÉCHELLE DE $\frac{1}{80.000}$.

Réduction de la planche précédente, à une échelle trop petite pour que les cultures puissent y être exprimées par des teintes ; tous les détails y sont donc dessinés à la plume et suivant les notes et indications qui entourent le modèle.

Poissy. — Typographie Arbieu.

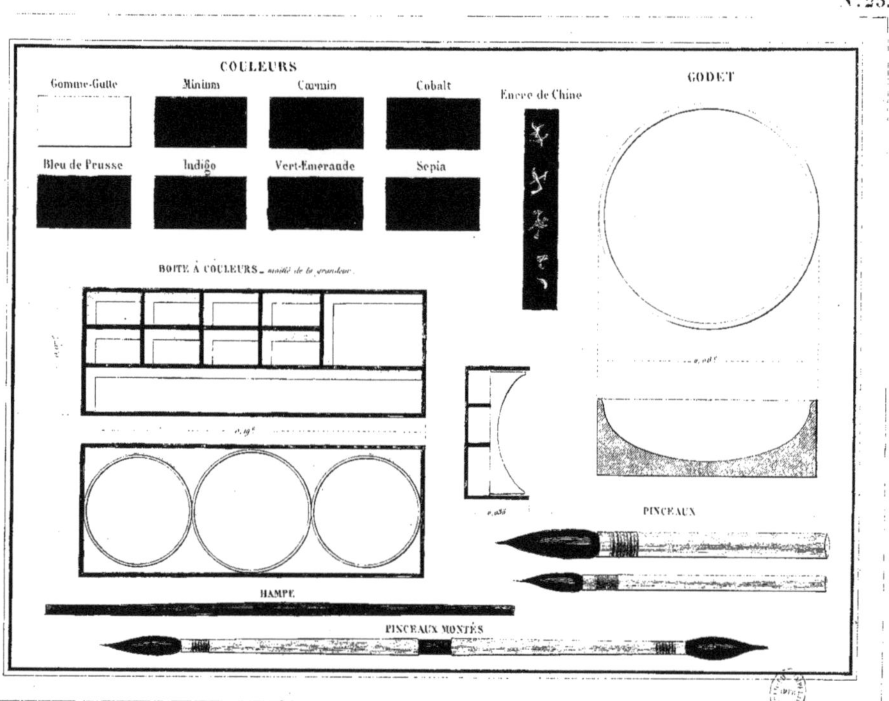

Publié par J. Corréard, Anc. Ingén.r

Nº 25. OBJETS STRICTEMENT NÉCESSAIRES POUR LE LAVIS DES PLANS.

Couleurs.

Six couleurs sont indispensables :

1º La gomme-gutte.
2º Le minium.
3º Le carmin.
4º Le bleu de cobalt.
5º Le bleu de Prusse.
6º L'indigo.

On peut tirer un bon parti :

7º Du vert émeraude.
8º De la sépia.

L'encre de la Chine sert à mettre au trait et à modifier certaines teintes.

Pinceaux.

Deux paires accouplés sur deux hampes.

Il faut avoir deux pinceaux forts, pour étendre les teintes plates et faire les teintes panachées ; et deux autres plus petits pour les détails, tels que le coloris des corps de troupes, les retouches des massifs de maisons, les ombres des jardins, etc. etc., sans cependant que ces pinceaux soient trop fins ; on peut obtenir des touches très-déliées avec d'assez gros pinceaux s'ils sont bons.

Un bon pinceau doit avoir la pointe fine et bien régulière, étant imbibé d'eau, reprendre avec vivacité sa forme quand on l'appuie sur le bord d'un verre ou sur du papier. Ceux qui restent courbes doivent être rejetés.

Il faut avoir soin de bien laver les pinceaux après s'en être servi et de ne laisser jamais y sécher de la couleur, car on ne peut plus les en débarrasser complétement, surtout si ces couleurs étaient foncées.

Godets.

On ne saurait avoir moins de trois godets ; les meilleurs sont ceux de porcelaine, bien unis, sans gerçures ni gravelures et de forme telle qu'ils ne puissent se renverser. Les figures de la planche 25 indiquent les dimensions et la forme les plus convenables (1).

Pour délayer les couleurs dans les godets, il faut y mettre d'abord très-peu d'eau, frotter le pain de couleur, toujours par le même bout, jusqu'à ce qu'on en ait obtenu la quantité suffisante, puis y ajouter de l'eau pour former la teinte au degré de force qu'elle doit avoir pour être employée.

Éviter de remettre le pain de couleur dans la boîte avant qu'il ne soit sec, ou bien l'essuyer avant de l'y replacer.

Quand une teinte doit être formée de deux couleurs, il est bien bon de les délayer séparément, puis de les confondre en les mélangeant complétement à l'aide d'un pinceau.

Toutes les teintes composées doivent être remuées chaque fois qu'on y trempe le pinceau ; il est rare qu'il ne s'y forme pas de dépôt, et que la couleur la plus pesante ne tende pas à tomber au fond du godet.

Prix courant des couleurs fines en tablettes, encre de la Chine, pinceaux, godets, et autres objets nécessaires pour le dessin topographique, qui se trouvent à la Librairie militaire, maritime et polytechnique de J. CORRÉARD, rue Christine, 1.

COULEURS FINES GRAND FORMAT A 40 CENTIMES LA TABLETTE :
gomme-gutte, minium,
bleu de Prusse, indigo et sépia.

COULEURS SURFINES DONT LE PRIX EST PLUS ÉLEVÉ :

Carmin, la demi-tablette,	0 f.	90 c.
Bleu de cobalt —	1,	25
Vert émeraude, la demi-tablette	1,	00
Encre de la Chine		
Crayons		
Pinceaux 1re grosseur		
— 2me grosseur		
Godets		

(1) Tous ces objets, cinq tablettes de couleurs fines, trois demi-tablettes de couleurs surfines, un bâton d'encre de la Chine, trois godets, deux paires de pinceaux montés sur hampes, réunis dans une boîte très-portative, représentée sur la planche n° 25, se trouvent à la librairie de J. CORRÉARD, au prix de 7 fr.

CATALOGUE

DE LA

LIBRAIRIE MILITAIRE,

MARITIME ET POLYTECHNIQUE

DE

J. Corréard,

LIBRAIRE-ÉDITEUR ET LIBRAIRE-COMMISSIONNAIRE.

PARIS, RUE CHRISTINE, 1.

1853.

CATALOGUE

DE

LIVRES MILITAIRES

PUBLIÉS PAR J. CORRÉARD,

Ancien Ingénieur.

ALLIX (Lieutenant général). Sur l'Ordonnance relative au personnel de l'artillerie, broch. in-8, 1832. 1 fr. 25

ANDRÉOSSY (le comte), lieutenant général. Opérations des pontonniers français en Italie pendant les campagnes de 1795 à 1797, et Reconnaissance des fleuves et rivières de ce pays, avec planches, 1 vol. in-8, 1843. 7 fr. 50

APERÇU HISTORIQUE ET CRITIQUE sur le Ministère de la guerre du royaume de France, broch. in-8, 1832. 1 fr. 25

ARCY (le chevalier d'), membre de l'Académie royale des sciences. Mémoire sur la théorie de l'Artillerie ou sur les effets de la poudre et sur les conséquences qui en résultent par rapport aux armes à feu, avec planche, broch. in-8, 1846. 2 fr. 75

ARMÉE et le PHALANSTÈRE (l'), ou lettre d'un sabre inintelligent à une plume infaillible, broch. in-8, 1846. 2 fr. 50

ARTILLERIE A CHEVAL (l') dans les combats de cavalerie. Opinion d'un officier de l'artillerie prussienne. Traduit de l'allemand par le général baron Ravichio de Peretsdorf, avec plans, broch. in-8, 1840. 2 fr. 75

AUGOYAT, lieutenant-colonel du génie. Mémoires inédits du maréchal de Vauban sur Landau, Luxembourg et divers sujets, extraits des papiers des ingénieurs Hue de Caligny, et précédés d'une notice historique sur ces ingénieurs, siècles de Louis XIV et de Louis XV, 4 vol. in-8, 1841. 7 fr. 50

ARTILLERIE NOUVELLE (1850), ou Considérations sur les progrès récents faits dans l'art de lancer les projectiles, par M. ****, capitaine d'artillerie, broch. in-8, 1850. 2 fr.

BARDIN (général). Notice historique sur Golbert (Jacques-Antoine-Hippolyte comte de), broch. in-8, 1836. 2 fr.

BARDIN (le général baron). Dictionnaire de l'Armée de terre, ou Recherches historiques sur l'art et les usages militaires des anciens et des modernes. Ce grand ouvrage est entièrement terminé. *Il forme une Bibliothèque complète de la science des armes.* Il est composé de 5,557 pages de texte formant 4 volumes de 13 à 1400 pages chacun. 1851. 119 fr.

Depuis plus d'un an que cet ouvrage remarquable est en vente, sa haute valeur scientifique et littéraire a pu être appréciée, On se bornera donc à répéter qu'il a obtenu le suffrage officiel de M. le Ministre de la Guerre, qui par une Circulaire du 26 février 1851, l'a signalé comme étant *le fruit de longs et consciencieux travaux d'un officier général qui a laissé de beaux souvenirs dans l'armée, et comme pouvant être utile aux officiers et sous-officiers qui s'occupent d'études sérieuses sur l'art militaire et sur l'administration ;*— enfin que M. le Ministre a autorisé les conseils d'administration à en faire l'acquisition.

BIRAGO (le chevalier de), major au grand état-major général autrichien. Recherches sur les Equipages de ponts militaires en Europe, et Essai sur tout ce qui a rapport à l'amélioration de ce service. Traduit de l'allemand par Tiby, capitaine d'artillerie, avec 4 planches, 1 vol. in-8, 1845. 7 fr. 50

BLANCH (Luigi). De la Science militaire considérée dans ses rapports, avec les autres sciences et avec le système social. Traduit de l'italien par Haca, capitaine d'infanterie (*Sous presse*).

BLESSON (Louis). Esquisse historique de l'art de la fortification permanente, traduite de l'allemand par Ed. de la Barre Duparcq, capitaine du génie, 1 vol. in-8, avec planches, 1849. 5 fr.

BLOIS (de), capitaine d'artillerie. Traité des Bombardements, Guerre des Siéges. 1 vol. in-8, avec plans, 1848. 7 fr. 50

—Bombardement de Schweidnitz par les Français, en 1807, brochure in-8, avec plans, 1849. 2 fr. 50 c.

BONNAFONT, chirurgien en chef de l'hôpital militaire d'Arras. Nouveau projet de réformes à introduire dans le recrutement de l'armée, ainsi que dans les pensions des veuves des militaires, broch. in-8, 1850. 2 fr.

BORDA (le chevalier de), membre de l'Académie des sciences. Mémoire sur la Courbe décrite par les boulets et les bombes en ayant égard à la résistance de l'air, avec planche, broch. in-8, 1846. 3 fr.

BORMANN, lieutenant - colonel d'artillerie, attaché à la maison militaire de S. M. le roi des Belges. Expériences sur les Shrapnels. Nouveaux développements sur les résultats obtenus en Belgique, broch. in-8, avec planches, 1848. 3 fr. 50

BORN, colonel d'artillerie. Notice historique sur les Ponts militaires depuis les temps les plus reculés jusqu'à nos jours, 1 vol. in-8, 1858. 5 fr.

—Relation des Opérations de l'artillerie française, en 1823, au siège de Pampelune, et devant Saint-Sébastien et Lerida, suivie d'une Notice sur les opérations de l'artillerie dans la vallée d'Urgel en 1823, broch. in-8, 1835. 4 fr.

BOUDIN (J.-Ch.-M.), médecin en chef de l'hôpital militaire de Versailles. Études d'Hygiène publique sur l'état sanitaire, les maladies et la mortalité des armées de terre et de mer. 1846. In-8. 5 fr. 75

BRADDOCK, directeur des poudreries anglaises dans les Indes. Mémoire sur la Fabrication de la poudre à canon, traduit de l'anglais, et accompagné de notes et remarques par Gabriel Salvador, capitaine d'artillerie, 1 vol. in-8, 1848. 5 fr.

BREITHAUPT (lieutenant-colonel). Leçons sur la théorie de l'Artillerie, destinées aux officiers de toutes armes. Traduit de l'allemand par le général baron Ravichio de Perotsdorf, 1 vol. in-8, avec planches, 1842. 7 fr. 50

BRUSSEL DE BRULAND, ancien officier supérieur d'artillerie. Mémoire sur les fusées de guerre, fabriquées à Hambourg en 1813 et 1814, et à Vincennes en 1815. 1 v. in-8, avec atlas in-fol. (*Sous presse*). 15 fr.

BURG, capitaine d'artillerie, professeur à l'École royale du génie et d'artillerie de Prusse. Traité de Dessin géométrique ou Exposition complète de l'art du dessin linéaire et du lavis, à l'usage des industriels, des savants et de ceux qui veulent s'instruire sans le secours de maîtres; 2e édition complètement refondue; traduit de l'allemand par le docteur Regnier, 2 vol. in-4 de 30 planches, 1847. 25 fr.

—Traité du dessin et lever du matériel de l'artillerie, ou application du dessin géométrique à la représentation graphique des bouches à feu, voitures, machines, etc., en usage dans l'artillerie, 2e édit. revue et augmentée, traduit par Rieffel, professeur de sciences appliquées à l'École d'artillerie de Vincennes, 1 vol. in-8, Atlas. 1848. 30 fr.

CANITZ (le baron de) Histoire des Exploits et des Vicissitudes de la cavalerie prussienne dans les campagnes de Frédéric II. Traduit de l'allemand. 1 vol. in-8. 4 fr.

CARRÉ. Expériences physiques sur la Réfraction des balles de mousquet dans l'eau et sur la résistance de ce fluide, broch. in-8, avec planche, 1846. 2 fr. 50

CAVALLI (J.), major d'artillerie de Sa Majesté sarde. Mémoire sur les Équipages de ponts militaires, 1 vol. in-8, avec 16 planches, 1843. 7 fr. 50

—Mémoire sur les canons se chargeant par la culasse, sur les canons rayés et sur leur application à la défense des places et des côtes, 1 vol. in-8, avec atlas in-fol., 1849. 15 fr.

CHARLES (le prince). Principes de la grande guerre, suivis d'exemples tactiques raisonnés de leur application, à l'usage des généraux de l'armée autrichienne. Publication officielle traduite de l'allemand, par Ed. de La Barre Duparcq, capitaine du génie, professeur d'art militaire à l'École spéciale militaire de St-Cyr, in-fol. jésus avec 25 cartes coloriées avec le plus grand soin. 1851. 125 fr.

CHEVALIER. Des Effets de la poudre à canon, principalement dans les mines, broch. in-8, 1846. 2 fr.

CHOUMARA (Th.), ingénieur militaire, ancien élève de l'École polytechnique. Considérations militaires sur les Mémoires du maréchal Suchet et sur la bataille de Toulouse; deuxième édition, augmentée de la correspondance entre un ingénieur militaire français et le duc de Wellington sur cette bataille, 2 vol. in-8, avec plan, 1840. 9 fr.

CLAUSEWITZ (le général Charles de). De la Guerre, publication posthume, traduite de l'allemand, par le major d'artillerie Neuens, 3 vol. in-8, en 6 parties. 1852. 30 fr.

CLONARD (le comte de), utilité d'écrire l'histoire des régiments de l'armée, opuscule suivi de l'histoire du régiment de Jaén. Traduction de l'Espagnol par Ed. de La Barre Duparcq. in-8. 1851. 4 fr.

COLLECTION de Plans généraux d'ensemble et de détail, représentant les bâtiments, machines, appareils et outils actuellement employés dans les fonderies de la marine royale à Ruelle et Saint-Gervais. Publication faite avec l'autorisation du ministre de la marine et des colonies, atlas grand in-fol. 1842. 30 fr.

COOPER (J.-F.). Histoire de la Marine des États-Unis d'Amérique. Traduit de l'anglais par Paul Jossé, avec plans, 2 vol. in-8, en quatre parties, 1845 et 1846. 25 fr.

COQUILHAT, capitaine d'artillerie. Expériences sur la résistance produite dans le forage des bouches à feu faites à la fonderie de canons, à Liége, en 1840 et 1841, broch. in-8, avec planches, 1843. 3 fr. 50
- -De la Quantité de travail absorbée par les frottements dans le forage des bouches à feu à la fonderie royale de canons de Liége, broch. in-8, 1847. 1 fr. 50
—Expérience sur la résistance utile produite dans le forage du fer forgé, de la pierre calcaire et du grès ainsi que dans le forage et le sciage du bois, faites à Tournay, en 1848 et 1849. br. in-8, 1850: 3 fr. 50
— Expériences faites à Ypres, en 1850, sur la pénétration dans les terres de sondes en fer enfoncées par les chocs d'un belier et application des fourneaux de mines cylindriques et horizontaux à l'ouverture des tranchées, in-8 avec pl. 1851. 3 fr.
CORDA (le baron). Mémoires sur le Service de l'artillerie, spécialement sur le meilleur mode de chargement des bouches à feu, avec planches, 1 vol. in-8, 1845. 7 fr. 50
CORNULIER (M.-E.), lieutenant de vaisseau. Mémoires sur le Pointage des mortiers à la mer, et sur les améliorations du système des hausses marines, avec planches, broch. in-8, 1841. 3 fr.
— Propositions et Expériences relatives au pointage des bouches à feu en usage dans l'artillerie navale, avec planches, 1 vol. in-8, 1843. 7 fr. 50
CORRÉARD (J.), ancien ingénieur. Annuaire des armées de terre et de mer. Cet ouvrage embrasse complétement l'histoire des armées françaises et étrangères et présente des notions étendues sur toutes les armées du monde, 1 vol. in-8 de 500 pages, avec planches, 1836. 7 fr. 50
—Recueil de Documents sur l'expédition de Constantine par les Français, en 1837, pour servir à l'histoire de cette campagne, 1 vol. in-8, avec atlas in-folio. 1838. 15 fr.
—Histoire des Fusées de guerre, ou recueil de tout ce qui a été publié ou écrit sur ce projectile, suivie de la description et de l'emploi des obus à mitraille dits Shrapnels, et des balles incendiaires, 1er vol. in-8, avec atlas, 1841. 15 fr.
—Recueil sur les Reconnaissances militaires, d'après les auteurs les plus estimés, formant un Traité complet sur la matière, 1 vol. in-8, et atlas, 1845. 15 fr.
—Géographie militaire de l'Italie, par le colonel Radiorffer et Unger, avec une carte, 1 vol. gr. in-8, 1848. 2 fr. 50
COURS sur le Service des officiers d'artillerie dans les fonderies, approuvé par le ministre secrétaire d'Etat de la guerre, le 16 octobre 1839, 1 vol. in-8, et atlas, 1841. 15 fr.
COURS sur le Service des officiers d'artillerie dans les forges, approuvé par le ministre de la guerre, le 3 août 1837, deuxième édition, revue et considérablement augmentée, 1 vol. in-8, et atlas, 1846. 15 fr.
COYNART (de). Transport d'une armée russe sur les bords du Rhin, par les chemins de fer de Czenstochow à Cologne, in-8. 2 fr.
DAMITZ (le baron), officier prussien. Histoire de la Campagne de 1815, pour faire suite à l'histoire des guerres des temps modernes, d'après les documents du général Grolman, quartier-maître général de l'armée prussienne, en 1815, avec plans, traduite de l'allemand, par Léon Griffon, revue et accompagnée d'observations par un officier général français, témoin oculaire. 2 vol. in-8, 1842. 23 fr.
DAVIDOFF (Denis), général. Essai sur la Guerre de partisans, traduit du russe par le comte Héraclius de Polignac, colonel du 25e léger; et précédé d'une Notice biographique sur l'auteur, par le général de Brack, commandant l'Ecole de cavalerie à Saumur, 1 vol. in-8, 1841. 6 fr.
DECKER. Rassemblement, campement et grandes manœuvres de troupes russes et prussiennes, réunies à Kalisch pendant l'été de 1835, avec plans, suivi de deux notes supplémentaires sur le camp de Krasnoïe-Selo, et l'autre sur la nouvelle organisation de l'armée russe, traduit par Haillot, capitaine d'artillerie, broch. in-8, 1850. 5 fr. 75
—Batailles et principaux combats de la guerre de Sept-ans, considérés principalement sous le rapport de l'emploi de l'artillerie avec les autres armes, traduit de l'allemand, par Messieurs le général baron Ravichio de Peretsdorf et le capitaine Simonin, traducteur du ministère de la guerre; revu, augmenté, et accompagné d'observations par J. H. Le Bourg, chef d'escadron au 7e régiment d'artillerie, 1 vol. in-8 et atlas in-4, 1839 et 1840. 22 fr. 50
—Supplément à la troisième édition de la Petite guerre, traduit de l'allemand par le général baron Ravichio de Peretsdorf, in-8, 1840. 2 fr. 75
—De la Petite guerre selon l'esprit de la stratégie moderne, traduit de l'allemand, par L.-A. Unger, avec planches, 1 vol. in-12, 1845. 6 fr.
—Expériences sur les Shrapnels faites chez la plupart des puissances de l'Europe, accompagnées d'observations sur l'emploi de ce projectile. Ouvrage traduit de l'allemand et notablement augmenté par Terquem, professeur aux écoles royales d'artillerie, bibliothécaire du dépôt central d'artillerie et Favé, capitaine d'artillerie, 1 vol. in-8, avec quatre planches, 1847. 8 fr.
—Les trois armes ou Tactique divisionnaire, traduit en français sur la traduction anglaise du major J. Jones, et annoté par A. Demanne, capitaine d'artillerie, in-8. 1851. 4 fr.
DELAMARE, officier au bataillon des gardes

marine. Carte militaire de l'Italie, 1848, 4 feuille sur jésus color. 1 fr. 50. Collée sur toile, avec étui. 3 fr.
DEL CAMPO DIT CAMP (W.-J.), capitaine du génie au service de S. M. le Roi des Pays-Bas. Mémoire sur la Fortification, contenant l'indication et le développement de moyens efficaces de défense, 1 vol. in-8, avec planches, 1840. 7 fr. 50
— Deuxième mémoire sur la fortification, contenant l'analyse de la dépense d'exécution, et le projet d'attaque d'un front bastionné à murailles isolées, d'après les idées développées dans le premier mémoire. in-8. et atlas. 1850. 15 fr.
DELPRAT (J.P.), major dans le corps du génie hollandais. Théorie de la Poussée des terres contre les murs de revêtement, in-8, avec planches, 1846. 5 fr. 50
DELVIGNE (Gustave). De la Création et de l'emploi de la force armée, 1 vol. in-12, 1848. 75 c.
DES DÉFAUTS ET DES QUALITÉS de l'ordonnance sur l'Exercice de l'Infanterie, publiée, le 4 mars 1851, par un général d'infanterie, broch. in-8, 1852. 1 fr. 25
D'HERBELOT, chef d'escadron d'artillerie. Industrie militaire. Broch. in-8, 1850. 2 fr.
DOCUMENTS relatifs au Coton détonant, broch. in-8, 1847. 5 fr.
DOCUMENTS relatifs à l'emploi de l'Electricité, pour mettre le feu aux fourneaux des mines, et à la démolition des navires sous l'eau, broch. in-8, avec planche, 1841. 5 fr.
DOCUMENTS relatifs à l'Organisation de l'académie royale militaire de Turin, in-8, 1845. 5 fr.
DOCUMENTS relatifs aux campagnes en France et sur le Rhin, pendant les années 1792 et 1793. 1 vol. in-8, 1848. 5 fr.
DUBOURG (général). Sommaire d'un Plan de colonisation du royaume d'Alger. In-8, 1836. 1 fr. 50
—Organisation défensive de la France. In-8, 1841. 2 fr. 75
— Sur l'Inscription maritime. Son illégalité, ses vices et les entraves qu'elle met au développement de la marine marchande et du commerce maritime. In-8. 2 fr.
—Les Principes de l'organisation de la marine de guerre, suivis de vues nouvelles sur la restauration du commerce maritime de la France. 1 vol. in-8°, 1848. 6 fr.
DUCASSE, capitaine d'état-major. Précis historique des Opérations de l'armée de Lyon, en 1814, 1 vol. in-8, 1849. 6 fr.
—Opérations du neuvième corps de la grande armée en Silésie, sous le commandement en chef de S. A. I. le prince Jérôme Napoléon (1806 et 1807), 2 vol. in-8 avec atlas, in-f°. 1851. 18 fr.
—Mémoires pour servir à l'histoire de 1812, suivis des lettres de l'Empereur au Roi de Westphalie, en 1813. 1 vol. in-8, avec carte. 1852. 7 fr.
DU HAMEL. Expériences sur quelques Effets de la poudre à canon, brochure in-8, avec planch., 1846. 2 fr. 50
DUPUGET. De la Construction des batteries dans la pratique de la guerre, avec une notice de M. Favé. In-8, 1840. 2 fr.
DUSAERT (Edouard), capitaine d'artillerie. Essai sur les Obusiers, 1 vol. in-8, 1845. 5 fr.
ESPIARD DE COLONGE, maréchal de camp d'artillerie française, mort en 1788. Artillerie pratique employée sous les règnes et dans les guerres de Louis XIV et Louis XV; ouvrage inédit. Seules tables de l'artillerie française avant Gribeauval, 2 vol. in-4, dont 1 de planches. 1846. 30 fr.
ESSAI sur les Chemins de fer, considérés comme lignes d'opérations militaires; suivi d'un projet de système militaire de chemins de fer pour l'Allemagne; traduit de l'allemand par L.-A. Unger, professeur, 1 vol. in-8. 1844. 8 fr.
ÉTUDES POLITIQUES ET MILITAIRES Revue du monde militaire actuel, 1 vol. in-8. 1848. 6 fr.
ÉTUDES SUR LES SUBSISTANCES MILITAIRES. Réforme de l'administration actuelle, ou le mal et le remède, broch. in-8. 1850. 2 fr.
EXAMEN du Système d'Artillerie de campagne de M. le lieutenant général Allix (janvier 1826), broch. in-8, 1841. 5 fr.
EXAMEN DE L'AFFUT DE SIÈGE, nouveau modèle (juillet 1825), broch. in-8, 1841. 2 fr.
EXPÉRIENCES faites à Brest, en janvier 1824, du nouveau système de Forces navales proposé par M. Paixhans, chef de bataillon d'artillerie de terre; suivies des Expériences comparatives des canons de 80 avec ceux de 30 et 24, et caronades de ces deux derniers calibres, exécutées en vertu d'une dépêche ministérielle en date du 10 août 1824; la première en rade de Brest, sur un ponton servant de batterie, et la deuxième sur une batterie installée à terre pour cet effet, broch. in-8, 1837. 5 fr.
EXPÉRIENCES sur différentes espèces de Projectiles creux, faites dans les ports en 1829, 1831 et 1833, broch. in-8, avec un grand nombre de tableaux, 1837. 5 fr.
EXPÉRIENCES auxquelles ont été soumis en 1835, à bord de la frégate la Dryade, divers objets relatifs à l'artillerie, broch. in-8, 1837. 2 fr. 50
EXPÉRIENCES sur les Poudres de guerre, faites à Esquerdes, dans les années 1832, 1833, 1834 et 1835, suivies de notices sur les Pendules balistiques et les pendules canons, avec figures et tableaux, broch. in-8, 1837. 5 fr.

7

EXPÉRIENCES comparatives faites à Gâvre, en 1836, entre des bouches à feu en fonte de fer d'origines française, anglaise et suédoise, avec tableaux et dessins, broch. in-8, 1837. 5 fr.

EXPÉRIENCES faites à Esquerdes en 1834 et 1835, entre les Poudres fabriquées par les meules et les poudres fabriquées par les pilons; en conséquence des ordres de M. le lieutenant général vicomte Tirlet, inspecteur général d'artillerie, broch. in-8, 1839. 2 fr. 75

EXPÉRIENCES d'Artillerie exécutées à Gâvre par ordre du ministre de la marine, pendant les années 1830, 1831, 1832, 1834, 1835, 1836, 1837, 1838 et 1840. 1 vol. in-4, avec planches, 1844. 10 fr.

EXPÉRIENCES comparatives faites à Brest et à Lorient en 1840, sur les pitons à fourches et les crampes avec manilles, broch. in-8, 1844. 3 fr.

EXPÉRIENCES (suite des) d'Artillerie exécutées à Gâvre par ordre du ministre de la marine. Recherches expérimentales sur les déviations des projectiles. Ce rapport est suivi d'un mémoire sur les déviations moyennes des projectiles, 1 vol. in-4, 1844. 6 fr.

EXPÉRIENCES d'Artillerie exécutées à Lorient à l'aide des pendules balistiques par ordre du ministre de la marine, 1 vol. in-4, avec tableaux, 1847. 8 fr.

EXPÉRIENCES sur les artifices de guerre faites à Toulouse en 1820, brochure in-8, 1849. 4 fr.

EXPÉRIENCE DE BAPAUME. Rapport fait à M. le ministre de la guerre par la Commission mixte des officiers d'artillerie et du génie, instituée le 12 juin 1847, pour étudier sur les fortifications de Bapaume, les principes de l'exécution des brèches par le canon et par la mine. Ouvrage publié avec l'autorisation du ministre de la guerre, en date du 24 oct. 1850. 1 vol. in-8, avec 28 planches. 1852. 20 fr.

FABAR, capitaine d'artillerie. L'Algérie et l'opinion, broch. in-8, 1847. 3 fr. 50

—Camps agricoles de l'Algérie, ou Colonisation civile par l'emploi de l'armée, broch. in-8, 1847. 3 fr. 50

FABRE (Élie). Manuel des sous-officiers d'infanterie et de cavalerie à l'usage des écoles régimentaires du deuxième degré, publié avec l'autorisation du Ministre de la guerre. 1 vol. in-18 jésus. 1852. 4 fr.

FAVÉ, capit. d'artillerie. Nouveau système de Défense des places fortes, 1 vol. in-8, avec atlas in-folio, 1841. 12 fr.

—Des nouvelles Carabines et de leur emploi, Notice historique sur les progrès effectués en France depuis quelques années dans l'accroissement des portées et dans la justesse de tir des armes à feu portatives, brochure in-8, 1847. 2 fr. 50

FISCHMEISTER (J.), lieutenant en premier dans le corps R. I. des bombardiers. Traité de Fortification passagère, d'attaque et de défense des postes et retranchements, suivi d'un Appendice sommaire sur les Ponts militaires, à l'usage des écoles d'artillerie d'Autriche, avec atlas, traduit de l'allemand par Rieffel, professeur de sciences appliquées à l'Ecole d'artillerie de Vincennes. 1 vol. in-8, avec atlas, 1845. 15 fr.

FORCE ARMÉE (la) mise en harmonie avec l'état actuel de la société, par un officier étranger, broch. in-8, 1836. 2 fr. 50

FRANQUE, avocat. Lois de l'Algérie du 5 juillet 1830 (occupation d'Alger), au 1er janvier 1841, avec une Table alphabétique des matières, 3 part. in-8, à 5 fr. chacune, 1844. 15 fr.

GALVANI. Nouveaux mémoires sur la fin tragique de Joachim Murat, roi de Naples, illustrés de 2 pl. et d'une carte militaire de l'Italie, in-8. 1830. 5 fr.

GIRARDIN (A. lieutenant général comte de). Des Inconvénients de fortifier les villes capitales et d'avoir un trop grand nombre de places fortes, br. in-8, 1839. 2 fr. 75

GRÆVENITZ (Henning-Frédéric de). Mémoire sur la Trajectoire des projectiles de l'artillerie, suivi de Tables et de Règles pratiques pour la détermination des portées. Traduit par Rieffel, professeur à l'Ecole d'artillerie de Vincennes, broch. in-8, 1845. 4 fr.

GRIFFITHS, capitaine en retraite du corps royal d'artillerie anglaise. Manuel de l'Artilleur anglais, 3e édit., publié par ordre du gouvernement; traduit de l'anglais par Rieffel, professeur de sciences appliquées, à l'Ecole d'artillerie de Vincennes, 1 vol. in-8, avec planches, 1848. 12 fr.

GRIVET. Examen critique du Projet de loi relatif à l'avancement de l'armée suivi d'un supplément sur le Recrutement de l'armée, contenant un projet d'organisation générale, broch. in-8, 1832. 2 fr.

—Aide-Mémoire de l'ingénieur militaire, ou Recueil d'études et d'observations; comprenant l'histoire, l'organisation et l'administration du corps du génie, les services de paix et de guerre et plusieurs résumés scientifiques sur les mathématiques élémentaires et transcendantes, la mécanique; le dessin linéaire, la géométrie descriptive, le dessin de la carte et de la fortification, la géodésie, l'astronomie, la géologie, la physique et la chimie, 1 fort vol. in-8, avec dix planches. 1839. 12 fr. 50

GUIDE pratique pour l'enseignement du service de troupes en campagne dans les écoles de bataillon; par un officier d'infanterie saxonne; traduit de l'allemand par un officier d'état-major, broch. in-12, 1844. 3 fr. 50

GUIDE pour l'Instruction tactique des officiers d'infanterie et de cavalerie; traduit de

l'allemand par L.-A. Unger, avec carte, trois parties in-8 à 5 fr. chacune, 1846. 15 fr.

GURWOOD (colonel). Recueil des principales pièces de la correspondance du feld-maréchal duc de Wellington pendant les dernières guerres; traduit de l'anglais et suivi d'un Résumé historique publié par J. Corréard, ancien ingénieur, directeur du Journal des Sciences militaires, br. in-8, 1840. 3 fr. 50

HAILLOT (C.-A.), chef d'escadron au 15e régiment d'artillerie (pontonniers). Nouvel Équipage de ponts militaires de l'Autriche, la description détaillée, applications, manœuvres diverses et dimensions de toutes les parties de l'équipage de ponts militaires de l'armée autrichienne, conformément aux documents les plus récents; suivi d'un examen critique de ce nouveau système, 1 fort volume in-8, avec atlas in-4 de 43 planches, 1846. 35 fr.

—Instruction sur le Passage des rivières et la construction des ponts militaires, à l'usage des troupes de toutes armes; 2e édit., un vol. in-8, avec un bel atlas. (Sous presse.)

HERRERA GARCIA (don José), colonel d'infanterie et lieutenant-colonel des ingénieurs espagnols. Théorie analytique de la Fortification permanente, mémoire présenté à son excellence l'ingénieur général et dans lequel on trouve l'analyse des systèmes de fortification les plus connus et l'explication d'un nouveau système inventé par l'auteur, traduit par Ed. de La Barre Duparcq, capitaine du génie, ancien élève de l'Ecole polytechnique, 1 vol. in-8 avec atlas in-4, 1847. 15 fr.

HISTOIRE résumée de la Guerre d'Alger, broch. in-8, avec portrait, 1830. 1 fr. 50

HOMILIUS, lieutenant-colonel d'artillerie saxonne. Cours sur la Construction et la Fabrication des armes à feu, traduit de l'allemand par Lenglier, capitaine d'artillerie, 1 vol. in-8, avec planches, 1848. 7 fr. 50

HUE de CALIGNY (Louis-Roland). Traité de la Défense des places fortes, avec application à la place de Landau, rédigé en 1723, précédé d'un avant-propos par M. Favé, avec plan; ouvrage orné du portrait de l'auteur, 1 vol. in-8, 1846. 7 fr. 50

HUMFREY (J.-X.), lieutenant-colonel. Essai sur le système moderne de Fortification adopté pour la défense de la frontière rhénane, et suivi en totalité ou en partie dans les principaux ouvrages de ce genre construits maintenant sur le continent; présenté dans un mémoire étendu sur la forteresse de Coblentz, prise comme exemple, et illustré par des plans et coupes des ouvrages de cette place; traduit de l'anglais par Napoléon F., 1 vol. in-folio, 1849. 12 fr.

INSTRUCTION sur le Pointage des bouches à feu, à l'usage des sous-officiers de l'artillerie de la marine, avec Tables supplémentaires pour le tir du canon de 12 court et des obusiers de 0 mètre 22 cent., et 0 mètre 27 cent., broch. in-12, 1844. 1 fr.

INSTRUCTION sur le service et les manœuvres de l'Equipage de pont d'avant-garde et de divisions, à l'usage de l'artillerie, approuvée par le ministre secrétaire d'Etat de la guerre le 9 juillet 1840, broch. in-8, 1841. 5 fr.

JACOBI (A.), lieutenant d'artillerie de la garde prussienne. Etat actuel de l'Artillerie de campagne en Europe. Ouvrage traduit de l'allemand, revu et accompagné d'observations par M. le commandant d'artillerie Mazé, professeur à l'Ecole d'application du corps royal d'état-major.

Artillerie anglaise. 5 fr. 75
— bavaroise (2 liv.) 11 fr. 50
— française. 5 fr. 75
— néerlandaise. 5 fr. 75
— suédoise. 5 fr. 75
— wurtembergeoise. 5 fr. 75

LA BARRE DU PARCQ (Ed. de), capitaine du génie, professeur d'art militaire à l'Ecole de St-Cyr. De la fortification à l'usage des gens du monde, broch. in-8, avec planches, 1844. 2 fr. 50

—Biographie et Maximes de Blaise de Montluc, broch. in-8, 1848. 2 fr. 50

—Utilité d'une édition des OEuvres complètes de Vauban, broch. in-8, 1848. 2 fr. 50

—Capitaines anciens et modernes, traduit de l'espagnol, du lieutenant-colonel don Evaristo San-Miguel, br. in-8, 1848. 2 fr.

—Le plus grand homme de guerre; dissertation historique, broch. in-8, 1848. 4 fr.

—Considérations sur l'art militaire antique et sur l'utilité de son étude, brochure in-8, 1849. 2 fr. 50 c.

—De la Création d'une bibliothèque militaire publique, broch. in-8, 1849. 2 fr.

—Biographie et maximes de Maurice de Saxe, in-8. 1851. 5 fr.

— Des Etudes sur le Passé et l'Avenir de l'Artillerie de Louis-Napoléon Bonaparte, Président de la République, in-8. 3 fr.

—Commentaires sur le Traité de la Guerre de Clausewitz. In-8. (Sous presse.)

LABORIA. Notice sur la Défense des côtes maritimes de France, broch. in-8, 1841.

—De la Guyane française et de ses colonisations, 1 vol. in-8, 1845. 7 fr. 50

LACABANE (Léon). De la Poudre à canon et de son introduction en France, broch. in-8, 1845. 2 fr.

LAFAY, capitaine d'artillerie de marine. Aide-mémoire d'Artillerie navale, imprimé avec l'autorisation du Ministre de la marine et des colonies, 1 fort vol. in-8, de plus de 700 pages, accompagné de 50 planches gravées sur cuivre avec le plus grand soin. 1850. Broché. 15 fr.

9

LAGERCRANTZ , officier d'état-major de l'artillerie suédoise. Etude sur le problème balistique. in-8. 1852. 5 fr.

LALANNE (Ludovic), ancien élève de l'Ecole des Chartes. Recherches sur le Feu grégeois, et sur l'introduction de la Poudre à canon en Europe ; mémoire auquel l'académie des inscriptions et belles-lettres a décerné une médaille d'or, le 25 septembre 1840; 2e édition, corrigée et entièrement refondue, in-4º, 1845. 7 fr. 50

LAMARE (général). Nouvelles considérations sur les Travaux de défense projetés au Havre, broch. in-8, 1846. 2 fr.

—Essai d'une instruction à l'usage des gouverneurs et commandants supérieurs des divisions militaires et des places en état de paix, de guerre et de siège, in-8. 1851. 5 fr.

LAMBERT. Mémoire sur la Résistance des fluides, avec la solution du problème balistique, 1 vol. in-8, avec pl., 1846. 7 fr. 50

LASSAGNE (Jules), notice sur le Général en chef Magnan. in-8, 1851. 1 fr.

LAVILLETTE. Mémoire sur une Reconnaissance d'une partie du cours du Danube, de l'Inn. de la Salza, et d'une communication entre ces deux rivières. 1 vol. in-8, avec carte, 1839. 6 fr.

LEBOURG (J.-H.), lieutenant-colonel d'artillerie. Essai sur l'Organisation de l'artillerie et son emploi dans la guerre de campagne, 2e édit., revue, corrigée et considérablement augmentée. 1 vol. in-8, avec planches, 1845. 7 fr. 50

LEGENDRE, ancien professeur de mathématiques à l'Ecole royale militaire de Paris, et, depuis, membre de l'académie des sciences de France, etc., etc. Dissertation sur la question de Balistique, proposée par l'académie royale des sciences et belles-lettres de Prusse, pour le prix de 1782, lequel a été adjugé à l'auteur dans l'assemblée publique du 6 juin. 1 vol. in-8, avec planche, 1846. 7 fr. 50

LE MASSON, auteur de *Custoza* et de *Novare*, Venise en 1848 et 1849, un vol. in-8. 1851. 4 fr.

LESPINASSE—FONMARTIN (de), officier de marine. Etude sur la Marine militaire. 1 vol. in-8, 1839. 7 fr. 50

LETTRE du chevalier Louis Cibrario, à son Excellence le chevalier César de Saluces, sur l'Artillerie du XIIIe ou XVIIe siècle, traduite de l'italien et annotée par M. Terquem, professeur aux écoles de l'artillerie. broch. in-8, 1847. 2 fr. 50

LETTRES critiques sur l'armée prussienne, traduites de l'allemand par J. de Clanorie et revues et annotées par Paul Mérat, lieut. d'infanterie. 1 vol. in-8. 1850. 7 fr. 50

LE VASSEUR. Commentaires de Napoléon suivis d'un résumé des principes de stratégie du prince Charles, un v. in-8, 2 parties. 12 fr.

MADELAINE (J.), capitaine d'artillerie. Considérations sur les avantages que le gouvernement trouverait à former dans Paris un établissement pour la construction d'une partie du matériel de guerre (affûts, voitures et attirails d'artillerie), broch. in-8, 1852. 1 fr. 50

—De la Défense du Territoire. Fortifications de Paris, broch. in-8, 1840. 50 c

— Fortification permanente. — Défauts des fronts bastionnés en usage,—Modifications nécessaires,—Bases d'un nouveau système, 1 vol. in-8, 1844. 4 fr.

— Fortification permanente. — Défauts des Fronts bastionnés en usage, supplément au mémoire précédent, br. in-8, 1845. 1 fr. 75

—Fortification de Coblentz.—Observations sur cette place importante.—Examen de l'essai sur le système moderne de fortification adopté pour la défense de la frontière rhénane, présenté dans un mémoire étendu sur la forteresse de Coblentz prise comme exemple, par le lieutenant-colonel Humphrey, traduit de l'anglais par Napoléon F***. Appréciation de la valeur relative des tracés angulaires, comparés aux tracés bastionnés ; avec des notes diverses, 1 vol. in-8, 1840. 6 fr.

MANUEL DE LA GARDE NATIONALE. Sous-officiers et gardes nationaux. Ecole du soldat, avec la charge et les feux de fusil à percussion. Maniement de l'arme des sous-officiers et caporaux. Service dans les postes. Entretien dans les armes. 1 vol. in-32 avec pl. 0 fr. 50

MARESCHAL, chef d'escadron d'artillerie. Mémoire sur un nouveau mode de magasin à poudre, brochure in-8, avec planches , 1849. 3 fr.

MARION (général d'artillerie). Vocabulaire hollandais—français des principaux termes d'artillerie, broch. in-18, 1839. 1 fr. 50

—Le même 1840. 1 fr. 50

—Statistique militaire de la Belgique, broch. in-8, 1841. 2 fr.

—De la Force des garnisons, broch. in-8, 1841. 2 fr.

—Notice sur les Obusiers, broch. in-8, 1842. 2 fr. 75

—Journal des Opérations de l'artillerie au siège de Schweidnitz, en 1807, broch. in-8, 1842. 5 fr.

—De l'Armement des places de guerre, avec planche, broch, in-8, 1845. 4 fr.

—Mémoire sur le lieutenant général d'artillerie baron Sénarmont (Alexandre), rédigé sur les pièces officielles du dépôt de la guerre et des archives du dépôt central de l'artillerie, sa correspondance privée et des papiers de famille, 1 vol. in-8, 1846. 5 fr.

MARTIN DE BRETTES , capitaine d'artillerie. Etudes sur les fusées de projectiles creux, brochure in-8, avec fig., 1849. 3 fr.

—Mémoire sur un projet de chronographe électro-magnétique et son emploi dans les

expériences de l'artillerie , in-8 , avec fig. et planches, 1849. 5 fr.

—Projet de fusée de projectiles creux destinée à être fixée au moment du tir. br. in-8 avec figures, 1849. 2 fr.

—Nouveau système d'artillerie de campagne de Louis—Napoléon Bonaparte. in-8, 1851. 2 fr.

—Des artifices éclairants en usage à la guerre et de la lumière électrique. in-8. 1852. Avec planches. 7 fr. 50

—Coup d'œil sur les études du passé et l'avenir de l'Artillerie de Louis-Napoléon Bonaparte, Président de la République. 1 v. in-8. 1852. 6 fr.

— Études sur les Appareils électro-magnétiques, destinés aux expériences de l'artillerie en Angleterre, en Russie, en France, en Prusse, en Belgique, en Suède, etc., etc. In-8. (*Sous presse*).

MASSAS (de), Chef d'escadron d'artillerie. Etudes sur les Fusils percutants d'infanterie, sur les amorces fulminantes, les approvisionnements de munitions, et les distributions aux soldats en campagne, broch. in-8, 1840. 2 fr. 75

—Mémoire sur les cuivres, étains et bronzes employés pour la fabrication des bouches à feu, 1 vol. in-8, 1850. 6 fr.

—Etudes sur les aciers dont l'artillerie fait usage. in-8. 5 fr.

MASSÉ (J.), lieutenant-colonel d'artillerie. Aperçu historique sur l'introduction et le développement de l'Artillerie en Suisse , 1re et 2e partie, avec planches, 2 broch. in-8, 1846. à 3 fr. 50, 7 fr.

MAURICE (baron P.-E. de Sellon), capitaine du génie, ancien élève de l'Ecole polytechnique. Considérations sur l'avantage ou le désavantage d'entourer les villes maritimes de France d'une enceinte continue fortifiée, tirées des résultats pratiques de l'efficacité du tir à la mer, broch. in-8, 1847. 2 fr.

—Examen du nouveau système de Ponts de chevalets proposé par le chevalier de Birago, major au grand état-major général autrichien, suivi de l'exposé d'un nouveau système de ponts militaires à supports flottants, broch. in-8, avec planches, 1847. 2 fr. 50

—Mémoire sur les Angles morts des retranchements de campagne et sur quelques autres points de la fortification passagère, in-8, avec planches. 1848. 2 fr. 50

—Recherches historiques sur la Fortification passagère depuis les temps les plus reculés jusqu'à nos jours , suivies d'un aperçu sur l'état actuel de cette science et sur le rôle qu'elle est appelée à jouer dans les guerres modernes , 1 vol. in-8, 1849. 4 fr.

—Notice sur l'Essai des propriétés et la tactique des fusées à la congrève, par le colonel d'artillerie A. Pictet, brochure, in-8, 1849. 2 fr.

—Mémorial de l'ingénieur militaire ou analyse abrégée des tracés de fortification permanente des principaux ingénieurs, depuis Vauban jusqu'à nos jours, 1 vol. 8 , avec atlas in-folio , de dix-sept planches gravées sur cuivre, 1849. 35 fr.

—Examen de la Fortification et de la Défense des grandes places, par le lieutenant colonel d'artillerie C.-A. Wittich. br. in-8 avec planches. 1840. 2 fr. 50

—Examen du mémoire sur les canons se chargeant par la culasse et sur leur application à la défense des places et des côtes, par Jean Cavalli, major d'artillerie, au service de S. M. Sarde, 1 brochure in-8, avec planches. 1850. 2 fr. 50

—Mémoires sur la Fortification tenaillée et polygonale et sur la Fortification bastionnée, 1 vol. in-4, et atlas grand in-folio. 1850. 25 fr.

—Etudes sur la fortification permanente.

I. Plan et description de la citadelle fédérale de Rastadt, d'après des documents authentiques, examen du tracé des ouvrages définitifs extérieurs et de ceux de l'enceinte. —Appréciation de leur capacité de résistance.— Plan d'attaque dirigée contre le fort Léopold comme étude de travaux de siège contre une place fortifiée, d'après l'école allemande. — Ouvrage destiné à servir de complément aux *Mémoires sur la fortification tenaillée et polygonale*, et sur les tracés bastionnés. In-8 et atlas in-folio. 1851. 15 fr.

II. Examen du Tracé enseigné aux troupes du génie qui font partie du huitième corps d'armée de la confédération germanique et appréciation de la capacité de résistance. —Observations sur le projet de fortification polygonale et à caponnières, présenté par un officier du génie prussien. In-8 avec 2 pl. (en atlas in-folio.). 1851. 10 fr.

— De la défense nationale en Angleterre. Un vol. in-8 avec une carte. 1851. 5 fr.

MAZÉ, commandant d'artillerie, professeur à l'Ecole d'application du corps royal d'état-major. Artillerie de campagne en France, description de l'organisation et du matériel de cette arme en 1845, conforme aux documents les plus récents, et précédée d'observations, 1 vol. in-8 avec 5 planches, 1845. 5 fr. 75

MÉMOIRE sur la Défense et l'Armement des côtes, avec plan et instructions approuvés par Napoléon, concernant les batteries de côtes; et suivi d'une notice sur les tours maximiliennes, accompagnée de dessins, 1 vol. in-8, 1857. 5 fr.

MÉMOIRE sur le Matériel d'artillerie des places, dans ses rapports avec la fortification et les principes généraux de la défense, avec deux planches, broch. in-8, 1858. 2 fr. 75

MÉMOIRES militaires de Vauban, et des ingénieurs Huc de Caligny, précédés d'un avant-propos par M. Favé, capitaine d'ar-

tillerie, 1 vol. in-8, avec 3 planches, 1846.
7 fr. 50

MÉMOIRE sur le Jet des bombes, ou, en général, sur la projection des corps, broch. in-8, 1846. 2 fr.

MÉRAT (Paul), lieutenant d'infanterie. Etudes sur l'Organisation de la force publique. I. Projet d'organisation de la réserve combinée avec la mobilisation de la garde nationale, brochure in-8, 1849. 2 fr.
—II. La Justice militaire selon les principes de l'équité, broch. in-8, 1849. 2 fr.
— III. Recrutement et remplacement, in-8. 1850, 2 fr.
— IV. L'avancement et la hiérarchie, in-8. 1851. 2 fr.
—Verdun en 1792, épisode historique et militaire, 1 vol. in-8, 1849. 5 fr.

MERKES (J.-G.-W.), colonel du génie au service de S. M. le roi des Pays-Bas. Essai sur les différentes méthodes, tant anciennes que nouvelles, de construire les murs de revêtement, suivi de Considérations sur les expériences faites en 1834 par l'artillerie saxonne sur les batteries blindées; traduit par Ganbert, chef de bataillon du génie, 1 vol. in-8, avec atlas in-folio. 1841. 12 fr.
—Projet d'un modèle de Magasin à poudre à l'abri de la bombe, d'après une construction nouvelle moins dispendieuse, broch. in-8, avec planches, 1843. 3 fr.
—Projet d'une nouvelle Fortification, ou tentatives d'améliorations dans le système bastionné, destiné pour les seuls fronts d'attaque d'une place, tant pour un terrain bas et humide que sec et élevé. 1 plan in-folio, 1843. 6 fr.
—Résumé général concernant les différentes formes et les diverses applications des Redoutes casematées, des petits forts, des tours défensives et des grands réduits, avec planches; traduit du hollandais par R***, 1 vol. in-8, 1843. 7 fr. 50
—Examen raisonné des progrès et de l'état actuel de la Fortification permanente, traduit du hollandais, 1 vol. in-8, avec plan, 1846. 7 fr. 50

MICALOZ, ingénieur civil, auteur de l'ouvrage anonyme ayant pour titre Exposé succinct de nouvelles idées sur l'Art défensif. Recherches sur l'art défensif, broch. in-8, avec planches, 1838. 3 fr.
— Exposé succinct de nouvelles idées sur l'art défensif, contenant l'aperçu d'une nouvelle théorie sur cet art, et de quelques dispositions propres à confirmer l'efficacité de cette même théorie, suivi d'un appendice, broch. in-8, avec planches, 1838. 5 fr. 75

MOLLIÈRE (le général). Journal de l'Expédition et de la Retraite de Constantine en 1836, broch. in-8, 1837. 4 fr.
—Études sur quelques détails d'Organisation milit. en Algérie. 1 v. in-8, 1845. 5 fr. 75

MONEY (général). Souvenirs de la campagne de 1792, traduits par Paul Mérat, lieutenant au 24e léger, 1 vol. in-8, 1849. 6 fr.

MONHAUPT, général de l'artillerie prussienne. Tactique de l'Artillerie à cheval, dans ses rapports avec les grandes masses de cavalerie; traduit de l'allemand par le général baron Ravichio de Peretsdorf, 1 vol. in-8, avec 8 planches, 1840. 3 fr. 75

MORDECAI (Alfred), capitaine de l'artillerie américaine. Expériences sur les Poudres de guerre faites à l'arsenal de Washington, en 1843 et 1844, publiées avec l'autorisation du gouvernement; traduites de l'anglais par Rieffel, professeur de sciences appliquées à l'Ecole d'artillerie de Vincennes, 1 vol. in-8, avec planches, en deux livraisons, 1846. 20 fr.

MORITZ-MEYER. Manuel historique de la Technologie des armes à feu; traduit de l'allemand par Rieffel, professeur à l'Ecole d'artillerie de Vincennes, avec des annotations et des additions du traducteur, 2 vol. in-8, 1837-1838. 15 fr.

MULLER (François), sous-lieutenant au 36e régiment royal-impérial d'infanterie de ligne, baron Palombini. Traité des Armes portatives ou de toutes les espèces de petites armes à feu et blanches, actuellement (1844) en usage dans l'armée autrichienne, précédé d'un Précis historique, et suivi d'une Instruction sur l'art du Tir; traduit de l'allemand, avec une planche, 1 vol. in-8, 1846. 7 fr. 50

MUSSOT. Tactique militaire. — Des armes blanches, de la cavalerie et particulièrement du sabre de cavalerie de réserve et de ligne, in-8. 2 fr.
—Des compagnies, pelotons et sections hors rang, examen de leurs utilité relative, et des raisons qui militent pour leur suppression. in-8, 1851. 2 fr.

NAVARRO-SANGRAN (général). Système de Pointage généralement applicable à toutes les bouches à feu de l'artillerie; traduit de l'espagnol, avec planche, broch. in-8, 1838. 2 fr. 75

NAVEZ, capitaine à l'état-major de l'artillerie belge. Application de l'électricité à la mesure de la vitesse des projectiles. 1 v. in-8. (Sous presse)

NOTE sur quelques Modifications à faire aux bats de l'artillerie de montagne, et note sur les harnais et sur le mode d'attelage de l'artillerie de campagne, par un ancien officier supérieur d'artillerie, broch. in-8, 1837. 1 fr. 25

NOTICE sur la nouvelle Organisation militaire du royaume de Sardaigne, broch. in-8, 1854. 2 fr. 50

OBSERVATIONS sur les Applications du fer aux constructions de l'artillerie, avec planches; broch. in-8, 1855. 3 fr.

12

OBSERVATIONS sur la réception des effets de harnachement pour les corps d'artillerie, broch. in-8, 1842. 2 fr. 75

OBSERVATIONS sur le projet de loi relatif à l'organisation de l'artillerie, in-8. 1852. 2 fr. 50 c.

ORGANISATION (de l') de l'Artillerie en France, 1re et 2e partie, 1 vol.; 3e partie, 1 vol.; par M***, capitaine d'artillerie, ancien élève de l'Ecole polytechnique, 2 vol. in-8, 1845-1847, à 6 fr. 12 fr.

OTTO (J.-C.-F.), capitaine dans l'artillerie de la garde royale de Prusse. Théorie mathématique du Tir à ricochet, suivie de Tables pour l'application de ce tir, 1833; traduite de l'allemand par Rieffel, professeur à l'Ecole d'artillerie de Vincennes, 1 vol. in-8, 1845. 6 fr.
—Tables balistiques générales pour le Tir élevé; traduites de l'allemand par Rieffel, professeur à l'Ecole royale d'artillerie de Vincennes, 1 vol. in-8, 1845. 7 fr. 50

PARMENTIER (Théodore), capitaine du génie, ancien élève de l'Ecole polytechnique. Vocabulaire allemand-français des termes de fortification, renfermant, en outre, les termes les plus usuels d'art militaire, d'artillerie, de construction, de mathématiques, de mécanique, etc., et la réduction en mesures métriques de toutes les mesures usitées dans les différents états de l'Allemagne, la Hollande, la Suisse, la Suède, le Danemarck, la Pologne et la Russie, 1 vol. in-12. 1849. 3 fr.
—Exposition et description d'un système de fortification polygonale et à caponnières. Essai sur la science de la fortification arrivée à son état actuel de perfectionnement, par un officier du génie prussien, trad. de l'allemand, broch. in-8 avec 2 pl. (en atlas grand in-fol.), 1850. 10 fr.

PASLEY, directeur de l'Ecole du génie de Chatham. Règles pour la conduite des opérations d'un siège, déduites des expériences soigneusement faites; traduites de l'anglais par E. J., 3 parties in-8, avec planches, 1847: chacune 4 fr. 12 fr.

PERARD-BOURLON, lieutenant au 3e chasseurs. Développement moral sur le Service intérieur des troupes, broch. in-8, 1832. 1 fr. 25

PERROT. Carte militaire de l'Empire français indiquant les divisions militaires et leurs chefs-lieux, les garnisons des différents corps de l'armée, tous les établissements de l'artillerie et du génie, les places-fortes, les forts, les routes militaires, les gîtes d'étapes avec les distances qui les séparent, les lieux de distributions de vivres, etc., etc. Une feuille sur colombier, 4 fr.—Collée sur toile avec étui. 6 fr.
—Tableau politique de la Pologne. Une feuille sur jésus, enluminée, 1848. Collée sur toile avec étui. 2 fr.

PIDOLL (de), conseiller aulique. Colonies militaires de la Russie, comparées aux confins militaires de l'Autriche; traduites par Unger, broch. in-8, 1847. 3 fr. 50

PISTORIUS. Traité sur l'art de tirer à balles, sans charge de poudre, moyennant une matière chimique renfermée dans la balle même, broch. in-8, 1850. 2 fr.

PITON-BRESSANT. Formules des portées. in-8. 1852. 3 fr.

PLOTHO (Charles de). colonel prussien. Relation de la bataille de Leipzig (16, 17, 18 et 19 octobre 1813); traduite de l'allemand par Philippe Himly, suivi de la relation autrichienne de l'affaire de Lindenau, du combat de Hanau, et accompagnée de notes d'un officier général français, témoin oculaire, 1 vol. in-8, 1840. 6 fr.
—Capitulation de Dantzig; traduite de l'allemand par P. Himly; avec observations critiques, par le général baron de Richemont, directeur des fortifications et commandant du génie pendant la défense de la place, broch. in-8, 1841. 2 fr. 75

POTEVIN (P.-L.), professeur de fortification à l'Ecole d'artillerie de la marine à Lorient. Fortification. Notions sur le défilement, 1 vol. in-folio, 1844. 10 fr.

PRÉTOT (P.-L.), ancien officier supérieur d'État-major. Des conventions militaires et de leur exécution habituelle, 1 vol. in-8. 1849. 7 fr. 50

PRÉVAL (général). Observations sur l'Administration des corps, broch. in-8, 1841. 2 fr. 75
—Mémoires sur l'Avancement militaire et sur les matières qui s'y rapportent, 1 vol. in-8, 1842. 9 fr.
Ces mémoires sont précédés d'un avant-propos très-remarquable, contenant, outre l'historique des divers modes d'avancement, une appréciation des graves événements de 1814 et 1815, appuyée de documents officiels peu connus et du plus haut intérêt.
—Sur le recrutement et le remplacement de l'armée. 1 vol. in-8. 1848. 7 fr. 50
—Sur le nouveau projet de loi relatif à l'organisation de l'armée; premières observations, brochure in-8, 1849. 2 fr.
—Mémoire sur le commandement en chef des troupes. 2e édition. 1851. 2 fr. 50

RABUSSON (A). De l'Agrandissement de l'enceinte des fortifications de Paris du côté de l'est, considéré dans ses rapports avec la défense de la ville et avec la défense générale du royaume, 1 vol. in-8, 1842. 4 fr.
—De la Défense générale du royaume dans ses rapports avec les moyens de défense de Paris, 1 vol. in-8, 1843. 6 fr.

RAVICHIO de PERETSDORF, Suite de la notice sur l'Organisation de l'armée autrichienne, broch. in-8, 1854. 2 fr. 50

RELATION de la Défense de Schweidnitz,

commandé par le général feld-maréchal lieutenant de Guasco, et attaqué par le lieutenant général Tauenzein, depuis le 20 juillet jusqu'au 9 octobre 1762, jour de la capitulation; avec une notice de M. Favé, chef d'escadron d'artillerie, broch. in-8, avec plan, 1846. 4 fr.

RÉPONSE à l'auteur de l'Article sur l'état-major général de l'armée, par un officier supérieur en retraite, broch. in-8, 1846. 1 fr. 25

RESSONS (de). Méthode pour tirer les bombes avec succès, broch. in-8, 1846. 2 f.

RETRAITE et destruction de l'armée anglaise dans l'Afghanistan en janvier 1842, Journal du lieutenant Eyre, de l'artillerie du Bengale, sous-commissaire d'ordonnance à Caboul; suivi de notes familières écrites pendant sa captivité chez les Afghans; traduit de l'anglais sur la 3e édition par Paul Jessé, avec plan, 1 vol. in-8, mars 1844. 7 fr. 50

RICHARDOT, lieutenant-colonel d'artillerie. Nouveau système d'Appareils contre les dangers de la foudre et les fléaux de la grêle, broch. in-8, 1823. 1 fr. 25

—Mémoire sur l'emploi de la Houille dans le traitement métallurgique du minerai de fer et sur les procédés d'affinage de la fonte pour bouches à feu et projectiles de guerre, broch. in-8, 1824. 3 fr.

—Essai sur les véritables Principes de la défense des places et l'application de ces principes, broch. in-8, 1838. 2 fr. 75

—Relation de la Campagne de Syrie, spécialement des sièges de Jaffa et de Saint-Jean-d'Acre, 1 vol. in-8, avec atlas in-4. 1839. 10 fr. 75

—Projet (du) de fortifier Paris, ou Examen d'un système général de défense; broch. in-8, 1839. 2 fr. 75

—Réponse aux observations de M. le lieutenant général du génie, vicomte Rogniat, sur l'ouvrage intitulé : du Projet de fortifier Paris, ou Examen d'un système général de défense, broch. in-8, 1840. 2 fr. 75

—Examen de l'ouvrage ayant pour titre : de la Défense du territoire. Fortification de Paris, broch. in-8, 1841. 1 fr. 25

—Un dernier mot sur la Défense de Paris, d'après les principes militaires et stratégiques; suivi d'un résumé relatif au même sujet de la Philosophie de la fortification du lieutenant-colonel du génie Delaâge; broch. in-8, janvier 1841. 2 fr.

—Vauban, expliqué en ce qui concerne les moyens de défense de Paris. Même système, broch. in-8, février 1841. 2 fr.

—Organisation (de l') des principales parties du service de l'Artillerie, broch. in-8, 1842. 2 fr. 75

—Ecole polytechnique. Organisation, régime, conditions d'admission; deuxième article, ou réfutation d'objections diverses et de principes contraires au but de son institution, broch. in-8, 1842. 2 fr.

—Recrutement (du) de l'Armée dans ses rapports avec la faculté du remplacement, le temps de service nécessaire sous les drapeaux, et l'époque des libérations; broch. in-8, 1845. 2 fr. 75

—Etat (de l') de la question sur le Système d'ensemble des places fortes, broch. in-8, 1844. 2 fr.

—Réfutation complète de l'opinion opposée au système des forts détachés sous les deux rapports militaire et politique, broch. in-8, janvier 1844. 1 fr. 25

—Des conditions de force de l'armée et de sa réserve sans augmentation de dépenses, broch. in-8, 1846. 2 fr.

—Les Batteries à pied montées, mises en mesure de rivaliser avantageusement avec les batteries à cheval, br. in-8, 1846. 2 fr.

—Nouveaux mémoires sur l'Armée française en Egypte et en Syrie, ou la vérité mise au jour sur les principaux faits et événements de cette armée, la statistique du pays, les usages et les mœurs des habitants, 1 vol. in-8, avec plan de la côte d'Aboukir, à la tour des Arabes, 1848. 6 fr.

—Le recrutement de l'armée et de la réserve ramené au principe d'égalité devant la loi, brochure in-8, 1849. 2 fr.

—Réfutation de quelques principaux articles des Mémoires d'Outre-tombe, en ce qui concerne l'armée d'Orient sous les ordres du général Bonaparte, br. in-8, 1849. 2 fr.

RIEFFEL, professeur aux écoles d'artillerie. Description et usage du Télégoniomètre, instrument proposé pour la mesure des angles et des distances à la guerre, avec planche, broch. in-8, 1838. 2 fr. 75

ROCHE (A.), professeur aux écoles d'artillerie de la marine. Traité de Balistique appliquée à l'artillerie navale, avec planches, 1re partie, in-8, 1841. 5 fr.

ROCHE. Des Abus en matière de Recrutement, 2e édition, augmentée d'une réponse à M. Pagezy de Bourdeliac, broch. in-8, 1829. 2 fr.

ROGNIAT (général). Réponse à l'auteur de l'ouvrage intitulé : du Projet de fortifier Paris, ou Examen d'un système général de défense, broch. in-8, 1840. 2 fr. 75

—À l'auteur de la Réponse aux observations du général Rogniat, broch. in-8, 1840. 1 fr. 25

ROGUET (le général comte). Des Lignes de circonvallation et de contrevallation, avec planches, 1 vol. in-8, 1832. 4 fr.

—De l'Emploi de l'armée dans les grands travaux civils, broch. in-8, 1834. 2 fr.

—De la Vendée militaire, avec carte et plans, 1 vol. in-8, 1834. 8 fr

14

—Essai théorique sur les Guerres d'insurrection, ou suite à la Vendée, 1 vol. in-8, 1856. 8 fr. 50

—Expériences sur le Pétard, faites à Metz, broch. in-8, avec planche, 1838. 2 fr.

RUDTORFFER (colonel). Géographie militaire de l'Europe; traduite de l'allemand par Unger, 2 vol. grand in-8, à 2 colonnes, 1847. 20 fr.

— (Sous presse) Atlas composé de vingt cartes dressées spécialement pour l'intelligence du texte de Rudtorffer. 1852.

RYCKMANS. Mémoire sur un projet de Casemate mobile, broch. in-8, avec planche, 1852. 1 fr. 25

SAINTE-CHAPELLE (Ch.), Éléments de Législation militaire, améliorations des retraites anciennes et nouvelles, avec amortissement de leur charge au profit de l'État et de l'armée, broch. in-8, 1836. 3 fr.

SALVADOR (Gabriel). Recherches sur l'origine et l'usage de la poudre à canon en Orient, traduites de l'anglais, in-8. 2 fr.

—Agitation pour la Défense nationale en Angleterre 1 vol. in-8. (Sous presse.)

SCHARNHORST (général). Traité de l'Artillerie; traduit de l'allemand, par M. A. Fourcy, ancien officier supérieur d'artillerie, bibliothécaire à l'École polytechnique; revu et accompagné d'observations, par M. le commandant d'artillerie Mazé, professeur à l'École d'application d'état-major, publié en 9 livrais, formant 5 vol. petit in-4, 1843. 51 fr. 75

SCHWINCK, major au corps royal des ingénieurs de l'armée prussienne. Les Éléments de l'art de fortifier; Guide pour les leçons des écoles militaires et pour s'instruire soi-même; traduit de l'allemand par Théodore Parmentier, officier du génie ancien élève de l'École polytechnique.

Première partie. Fortification passagère, 1 vol. in-8, avec atlas in-4, 1846. 10 fr.

Seconde partie. Fortification permanente, 1 vol. in-8, avec atlas in-4, 1847. 10 fr.

SICARD. Atlas de l'histoire des institutions militaires des Français, composé de plus de 200 figures, 1 vol. grand in-8. 10 fr.

SIMMONS (T.-F.), capitaine de l'artillerie royale anglaise. Considérations sur les Effets de la grosse artillerie employée par les vaisseaux de guerre et dirigée contre eux, spécialement en ce qui concerne l'emploi des boulets creux et des bombes; traduit par E. J., avec 3 planches, 1 vol. in-8, 1846. 7 fr. 50

—Considérations sur l'Armement actuel de notre marine. Supplément aux considérations sur les Effets de la grosse artillerie employée par les vaisseaux de guerre et dirigée contre eux; traduit par E. J., broch. in-8, 1846. 3 fr.

SPLINGARD, capitaine d'artillerie belge. Notice sur une Fusée Shrapnell, broch. in-8, avec planche, 1848. 2 fr.

SUSANE (Louis). Histoire de l'ancienne infanterie française, avec atlas renfermant la série complète, dessinée par Philippoteaux, et coloriée avec beaucoup de soin, des uniformes et des drapeaux des anciens corps de troupes à pied. — L'ouvrage sera composé de huit volumes in-8 de texte et de 130 planches. — Cette publication paraîtra par livraisons d'un volume de texte et d'un cahier de planches, au prix de 13 fr. — Il paraîtra un volume de texte et un cahier de planches tous les deux mois. — Les tomes I, II, III, IV, V et VI, avec les planches sont en vente au prix de 90 fr.

TABLES du tir des bouches à feu de l'artillerie navale, déduites des expériences de Gavre, et publiées par ordre du Ministre de la marine, broch. in-8, 1841. 75 c.

TARTAGLIA (Nicolas). La Balistique, ou Recueil de tout ce que l'auteur a écrit touchant le mouvement des projectiles et les questions qui s'y rattachent, composé des deux premiers livres de la Science nouvelle (ouvrage publié pour la première fois en 1537), et des trois premiers livres des Recherches et Inventions nouvelles (ouvrage publié pour la première fois en 1546); traduit de l'italien avec quelques annotations, par Rieffel, professeur à l'École d'artillerie de Vincennes, avec planches, 2 parties in-8, 1845-1846. 11 fr. 50

TERNAY (le marquis de), colonel. De la Défense des États par les positions fortifiées, ouvrage revu et corrigé sur les manuscrits de l'auteur par Mazé, professeur du cours d'artillerie à l'École d'état-major, 1 vol. in-8. 7 fr. 50

THIÉBAULT (lieutenant général baron). Journal des Opérations militaires et administratives des sièges et blocus de Gênes; nouvelle édition, ouvrage refait en son entier avec addition d'un second volume comprenant un grand nombre de pièces inédites, officielles et d'une haute importance, 2 vol. in-8 avec carte et portraits, 1817. 16 fr.

« Ce journal doit être lu en son entier et « médité par tous les militaires appelés à « défendre les places, comme une source « d'instructions précieuses, comme un modèle admirable de constance et d'intrépidité (Carnot). » — « J'ai lu le Journal du « blocus de Gênes, c'est un bon ouvrage, « j'en ai été content, et tout le monde doit « l'être (Napoléon). »

THIÉRY (A.), chef d'escadron d'artillerie. Description des divers Systèmes à percussion et des étoupilles à friction adoptés jusqu'à ce jour en France et à l'étranger; Sachets en étoffes ininflammables, broch. in-8, 1839. 2 fr. 75

—Applications du fer aux constructions de

l'artillerie, seconde partie, 1 vol. in-4, avec atlas in-folio, 1841. 20 fr.

THIROUX, chef d'escadron d'artillerie. Réflexions et études sur les bouches à feu de siège, de place et de côte, 1 vol. in-8, avec figures et planches, 1840. 7 fr. 50 c.

— Observations et vues nouvelles sur les fusées de guerre, br. in-8, 1850. 2 fr.

— Observations sur l'emploi de la poudre fulminante dans les projectiles creux, in-8. 2 fr.

— Essai sur le mouvement des projectiles, dans les milieux résistants.
1er Cahier. — Partie théorique, in-8. 4 fr.
2e Cahier. — Partie pratique. (Sous presse).

TIMMERHANS (C.), lieutenant-colonel de l'artillerie belge. Expériences comparatives faites, à Liége en 1839, entre les carabines à double rayure et les fusils de munition, avec tableaux, broch. in-8, 1840. 3 fr. 75

TIRLET (le lieutenant général vicomte), pair de France. Des Places de guerre, broch. in-8, 1841. 2 fr.

TRAITÉ DE LA RÉCEPTION des effets de harnachement pour les corps d'artillerie. br. in-8, 1850. 2 fr. 50

TRAITÉ des Reconnaissances militaires, ou Reconnaissance et description du terrain au point de vue de la tactique, à l'usage des officiers d'infanterie et de cavalerie; traduit de l'allemand par L. A. Unger, professeur au Collége de Juilly, 1 vol. in-8, 1846, en 2 livraisons de 5 fr. 75 c. chacune. 11 fr. 50

TREADWELL. Notice succincte sur un canon perfectionné et sur les procédés mécaniques employés à sa fabrication; traduite de l'anglais par M. Rieffel, professeur de sciences appliquées à l'École d'artillerie de Vincennes, in-8, 1848. 2 fr.

UNGER. Histoire critique des exploits et des vicissitudes de la cavalerie pendant les guerres de la Révolution et de l'Empire, jusqu'à l'armistice du 4 juin 1815, 2 vol. in-8, 1849. 12 fr.

VANDEN BROECK (Victor), docteur en médecine. Des Dangers qui peuvent résulter de l'emploi des armes à percussion dans les régiments d'infanterie de ligne, brochure in-8, 1844. 3 fr.

VAUBAN. Ses Oisivetés et Mémoires inédits 5 vol. in-8. 19 fr.
Chaque volume se vend séparément :
1 vol. contenant le tome IV augmenté de mémoires inédits tirés du tome II, in-8, 1842. 7 fr. 50

1 vol. contenant les tomes I, II, III, in-8, 1843. 7 fr. 50
1 vol. contenant la fin des tomes II et III, in-8, 1843. 4 fr.

VAUDONCOURT (Général de). De la Législation militaire dans un État constitutionnel, broch. in-8, 1829. 1 fr. 56

— Essai sur l'Organisation défensive militaire de la France, telle que la réclament l'économie, l'esprit des institutions politiques et la situation de l'Europe, broch. in-8, 1853. 4 fr.

WITTICH, major de l'artillerie prussienne. De la Fortification et de la Défense des grandes places; traduit de l'allemand par Ed. de La Barre-Duparcq, capitaine du génie, broch. in-8, avec planches, 1847. 4 fr.

XYLANDER (le chevalier J.), major au corps royal des ingénieurs de Bavière, chevalier de plusieurs ordres, membre de l'Académie royale des sciences militaires de Suède, docteur en philosophie. Étude des Armes, 3e édition avec deux planches, augmentée par Klémens Schédel, capitaine au régiment royal d'artillerie bavaroise, prince Luitpold, professeur de tactique au corps royal des Cadets; traduit de l'allemand par M. D. d'Herbelot, capitaine d'artillerie; revu, complété et suivi d'un Vocabulaire des Armes, avec planches; 3 parties in-8, 1846-1847, chacune 4 fr. 12 fr.

ZASTROW (de). Histoire de la Fortification permanente ou Manuel des meilleurs systèmes, ou manières de fortification, traduit de l'allemand sur la 2e édition, par Ed. de La Barre Duparcq, capitaine du génie, ancien élève de l'École polytechnique, 2 vol. in-8, et atlas in-fol., 1848. 20 fr.

ZÉNI et DESHAYS, officiers supérieurs d'artillerie de la marine française, voyageant en Angleterre par ordre. Renseignements sur le Matériel de l'artillerie navale de la Grande-Bretagne et les fabrications qui s'y rattachent, recueillis en 1835; publication faite avec l'agrément du ministre de la marine et des colonies, 1 vol. in-4, avec atlas in-folio, 1840. 30 fr.

ZOLLER (de), lieutenant-général, commandant en chef du corps de l'artillerie bavaroise. Description d'une éprouvette portative inventée par lui et exécutée en 1847, par Gaspard Fricher maître ouvrier mécanicien de la compagnie d'ouvriers; traduit de l'allemand, par Ed. de La Barre Duparcq, capitaine du génie ancien élève de l'École polytechnique, br' in-8, avec 5 planches, 1849. 4 fr.

16

COURS DE DESSIN TOPOGRAPHIQUE,

A l'usage des Officiers et Sous-Officiers d'Infanterie et de Cavalerie, des Élèves des Lycées, des Élèves des Écoles préparatoires et des Maisons d'éducation.

Ouvrage au moyen duquel on peut apprendre le dessin topographique sans le secours d'un maître, et comme tel, très-utile à donner en prix aux lauréats de l'Université et de tous les établissements d'instruction publique, jeunes gens auxquels il servira de sujet instructif, de distraction pendant leurs vacances.

Publié d'après les meilleurs documents dus à MM. les Officiers d'état-major et à MM. les Dessinateurs du Dépôt de la Guerre.

PAR J. CORRÉARD, ANCIEN INGÉNIEUR.

1 vol. in-4 oblong, composé de 24 dessins coloriés avec le plus grand soin, avec texte en regard. 25 fr.
Toutes les planches se vendent séparément, en noir. 25 c.
    Idem,   en couleur. 1 fr.
La planche n° 21 grand in-folio se vend aussi séparément, en noir. 1 fr.
    Idem,   idem,   en couleur. 3 fr.

RECUEIL DES BOUCHES A FEU LES PLUS REMARQUABLES,

DEPUIS L'ORIGINE DE LA POUDRE A CANON JUSQU'A NOS JOURS,

Commencé par M. le général d'artillerie MARION,

Et continué, sur les documents fournis par MM. les Officiers des armées françaises et étrangères, par MARTIN DE BRETTES, Capitaine d'artillerie, J. CORRÉARD, directeur du *Journal des Sciences militaires.*

L'ouvrage sera divisé en trois parties :
La première partie sera composée des planches 1 à 80 (livraisons 1 à 20);
La deuxième partie sera composée des planches 81 à 100 (livraisons 21 à 25);
La troisième partie sera composée des planches 101 à 120 (livraisons 26 à 30).

Cette publication se fera par livraisons successives de quatre planches grand in-folio, accompagnées de texte in-4°. Vingt-trois livraisons sont en vente au prix de 15 fr. chacune. Les livraisons 24 à 30 qui termineront l'ouvrage paraîtront prochainement.

Le supplément à la 1re partie est composé de 10 planches (80 A à 80 J) qui seront données gratis aux premiers souscripteurs. Mais aussitôt que l'ouvrage sera terminé, les nouveaux souscripteurs paieront ce supplément à raison de 3 fr. 75 la planche.

JOURNAUX MILITAIRES.

JOURNAL des Sciences militaires des armées de terre et de mer.

Ce recueil, qui paraît depuis vingt-sept ans, est répandu en France et à l'étranger et renferme tout ce qui a rapport aux sciences militaires, histoire, tactique, etc.: il est publié sur les documents fournis par les officiers des armées françaises et étrangères, par J. Corréard, ancien ingénieur.

L'année se compose de 12 numéros paraissant de mois en mois par cahier de 10 à 12 feuilles.

Prix de la souscription :
Paris. 42 fr.
Départements. 48 fr.
Etranger. 54 fr.

Nota. Chaque année écoulée se vend 42 fr.
Chaque numéro séparé se vend 5 fr.

JOURNAL des Armes spéciales et de l'État-major.

Ce recueil, qui paraît depuis dix-sept ans, est spécialement consacré aux questions d'artillerie et de génie. Depuis 1847, chaque numéro contient en outre, des articles sur le Corps royal d'état-major.

L'année se compose de 12 numéros paraissant de mois en mois, par cahier de 5 à 6 feuilles.

Prix de la souscription :
Paris, 20 fr.
Départements. 24 fr.
Etranger. 28 fr.

Nota. Les années 1834 à 1846 se vendent soit réunies, soit isolées, chacune 15 fr.
Les années 1847 à 1852, qui forment une nouvelle série, se vendent, soit réunis, soit isolées, chacune 20 fr.
Chaque numéro séparé se vend 5 fr.

JOURNAL de l'Infanterie et de la Cavalerie, 1834-1835, 2 vol. in-8, avec cartes, plans, dessins, portraits, costumes militaires, etc. 10 fr.

Imprimerie de Cosse et Cie, rue Christine, 2, Paris.

9 782329 606682